DA REALIDADE À AÇÃO

REFLEXÕES SOBRE EDUCAÇÃO MATEMÁTICA

Dados Internacionais de Catalogação na Publicação (CIP)
(Câmara Brasileira do Livro, SP, Brasil)

D163d
D'Ambrosio, Ubiratan, 1932 –
Da realidade à ação: reflexões sobre educação e matemática / Ubiratan D'Ambrosio. – São Paulo: Summus; Campinas: Ed. da Universidade Estadual de Campinas, 1986.

Bibliografia.

1. Educação – Filosofia 2. Matemática – Aspectos econômicos 3. Matemática – Aspectos sociais 4. Matemática – Estudo e ensino 5. Matemática – Filosofia 6. Sociologia educacional I. Título. II. Título: Reflexões sobre educação e matemática.

	17.	CDD-510.07
	18.	-510.7
	17. e 18.	-338.4737
	17. e 18.	-370.1
85-2018	17. e 18.	-370.19

Índices para catálogo sistemático:

1. Educação e matemática: Filosofia da educação   370.1
2. Matemática: Aspectos sociais: Educação   370.19
3. Matemática: Ensino   510.07 (17.) 510.7 (18.)
4. Matemática e desenvolvimento: Educação: Economia 338.4737
5. Matemática e educação: Filosofia da educação   370.1
6. Matemática e sociedade: Educação   370.19

Compre em lugar de fotocopiar.
Cada real que você dá por um livro recompensa seus autores
e os convida a produzir mais sobre o tema;
incentiva seus editores a encomendar, traduzir e publicar
outras obras sobre o assunto;
e paga aos livreiros por estocar e levar até você livros
para a sua informação e o seu entretenimento.
Cada real que você dá pela fotocópia não autorizada de um livro
financia o crime
e ajuda a matar a produção intelectual de seu país.

DA REALIDADE À AÇÃO

REFLEXÕES SOBRE EDUCAÇÃO E MATEMÁTICA

Ubiratan D'Ambrosio

summus editorial

DA REALIDADE À AÇÃO
Reflexões sobre educação (e) matemática
Copyright © 1986 by Ubiratan D'Ambrosio
Direitos desta edição reservados por Summus Editorial

Capa: **Claudio Rocha**

Originalmente co-editado com a
Editora da Universidade Estadual de Campinas (Unicamp)

Summus Editorial
Departamento editorial:
Rua Itapicuru, 613 – 7º andar
05006-000 – São Paulo – SP
Fone: (11) 3872-3322
Fax: (11) 3872-7476
http://www.summus.com.br
e-mail: summus@summus.com.br

Atendimento ao consumidor:
Summus Editorial
Fone: (11) 3865-9890

Vendas por atacado:
Fone: (11) 3873-8638
Fax: (11) 3873-7085
e-mail: vendas@summus.com.br

Impresso no Brasil

> *On me disait, quand j'étais petit: tu verras quand tu seras grand. Je suis un vieux monsieur, je n'ai encore rien vu.*
>
> Erik Satie

Alguns capítulos foram escritos originalmente em inglês. A tradução teve a participação de Regina Luzia de Buriasco, Ocsana Danyluk e Maria Dolis, a quem agradeço. O original foi datilografado por Dora Bisogni de Campos, a partir de fitas muitas vezes mal gravadas e de garranchos ininteligíveis até para o próprio autor. A ela, agradecimentos que se estendem por uma década. Aos colegas do Conselho Editorial da UNICAMP e da Summus Editorial, que aprimoraram a apresentação gráfica, também vão meus agradecimentos. E finalmente, aos inúmeros alunos, colegas e amigos de muitas partes do mundo que, com sua paciência, entusiasmo e crítica, ou através de sua frieza e ceticismo, contribuíram para melhores reflexões sobre as idéias aqui contidas, minha gratidão e respeito.

Índice

Prefácio à 2.ª Edição 7

Prefácio 9

1. Matemática e Desenvolvimento 13

2. Considerações Histórico-Pedagógicas sobre Matemática e Sociedade 27

3. Teoria e Prática em Educação Matemática 35

4. Em Busca de uma Teoria de Cultura 47

5. Matemática para Países Ricos e Países Pobres: Semelhanças e Diferenças 55

6. Modelos, Modelagem e Matemática Experimental 63

Referências 83

APÊNDICE
Integração: Tendência Moderna no Ensino de Ciências 89

A Influência de Computadores e Informática na Matemática e seu Ensino 101

Prefácio à 2.ª Edição

A segunda edição de um livro representa para o autor uma grande satisfação e, ao mesmo tempo, a oportunidade para repensar a mensagem que através dele queremos transmitir. Lamentavelmente, restrições editoriais fazem com que novas idéias, muitas delas provocadas e estimuladas pela crítica, não possam ser incorporadas ao texto. Elas se incorporaram a outros trabalhos e deverão constituir, num futuro próximo, um segundo volume a estas reflexões.

Um dos objetivos que se tem ao publicar um livro é expandir a oportunidade de crítica. Do universo limitado de alunos e participantes em seminários e conferências passamos a um universo muitíssimo maior daqueles que lêem e refletem. Alguns se manifestam através de observações pessoais, resenhas e críticas publicadas ou comentários em corredores e antesalas, outros mostrando apenas indiferença. Tudo isso, devidamente analisado e estudado, serve de alimento para nosso esforço criativo.

Da crítica em revistas especializadas internacionais tive grande estímulo. Apesar de escrita em português, a obra mereceu recensão nas revistas mais importantes do mundo sobre Educação Matemática. O livro foi entendido como de fato é, uma coleção de trabalhos escritos e divulgados das maneiras mais diversas ao longo de dez anos, que sintetizam um pensamento sobre Educação, sobre Matemática e em especial sobre Educação Matemática. Essa síntese, que toma corpo na conceituação de ETNOMATEMÁTICA, encontrou a melhor repercussão possível em praticamente todo mundo. Isto me encoraja a enfrentar uma situação por vezes cômoda, mas por vezes angustiante. Esta duplicidade de situação foi muito bem expressada numa das resenhas críticas que o livro mereceu. Observaram os críticos que desde o Congresso de Karlsruhe, em 1976, a acolhida às minhas idéias sobre Educação e sobre Ciência e Matemática e suas relações com a sociedade, em particular sobre Educação Matemática, tem dividido a comunidade de educadores matemáticos em *basicamente duas classes: aqueles que apóiam integral e entusiasticamente minhas idéias e aqueles que a rejeitam como um todo. Outros, mesmo sem ter se inteirado do meu trabalho, juntam-se ao lado mais cômodo dos que atacam, e o fazem de maneira maldosa e às vezes violenta! Tendo sido jogado nesse maniqueísmo radical e após analisar os indivíduos envolvidos e suas motivações, sou levado a acreditar que minha proposta educacional representa esperança de redenção para alguns e ameaça para outros. A história nos ensina que crítica e censura têm sempre estado presentes na REALIDADE na qual se desenvolve a AÇÃO inovadora e isto nos dá alento. Assim, acompanhado por um número crescente de colegas, continuo na luta contra sistemas educacionais e modelos de desenvolvimento repressivos, inclusive combatendo o seu instrumento discriminatório mais eficaz, que é uma Educação Matemática viciada, obscurantista e mistificada.*

Ter o livro em segunda edição representa uma vitória, modesta mas significativa, contra as barreiras da censura formal, exercida por aqueles que se sentem ameaçados e pela censura velada da crítica manipulada. Aqueles que, por compartilhar dos mesmos ideais, têm sido agredidos por essas mesmas armas ao longo da sua missão de educadores, repito o que disse um grande mestre: "Perdoname, amigo, de la ocasion que te he dado de parecer loco como yo, haciendote caer en el error en que yo he caido, de que hubo y hay caballeros andantes en el mundo".

Ubiratan D'Ambrosio

Prefácio

Neste volume damos à Educação Matemática um enfoque conceitual, muitas vezes crítico, do que comumente se faz nos sistemas educacionais. Procuramos abordar todos os aspectos da Educação Matemática, atingindo todos os níveis de escolaridade. Os vários capítulos estão baseados em alguns dos nossos trabalhos anteriores, que abordam temas relacionando Matemática, História e Educação. Na verdade, em ensaios sobre Educação Matemática orientados com um enfoque histórico. A maioria desses ensaios ainda não tiveram divulgação em português e outros o foram ou serão publicados em revistas ou atas de reuniões. Com algumas exceções, adotamos uma ordem cronológica na organização dos textos. Como o tema central é muito semelhante em todos os ensaios, a apresentação cronológica permite acompanhar a evolução de um pensamento com relação à Educação Matemática ao longo de cerca de 10 anos.

O capítulo 1, "Matemática e Desenvolvimento", baseia-se na primeira exposição que fizemos para um plenário internacional do nosso enfoque em Educação Matemática que, fundamentalmente, visa amalgamar a Matemática e seu ensino ao contexto sociocultural em que esse ensino se dá. Naquela ocasião, que foi a 4.ª Conferência Interamericana de Educação Matemática, realizada em Caracas em 1975, o enfoque provocou as reações mais controvertidas, como até hoje vem provocando. Havia, e ainda há, matemáticos e mesmo educadores matemáticos que vêem a Matemática como uma forma privilegiada de conhecimento, acessível apenas a alguns especialmente dotados, e cujo ensino deve ser estruturado levando em conta que apenas certas mentes, de alguma maneira "especiais", podem assimilar e apreciar a Matemática em sua plenitude. Nosso enfoque questiona fundamentalmente esse ponto de vista, deslocando a questão para uma outra, isto é, perguntamos a que Matemática estamos nos referindo. Ao mesmo tempo que dificilmente poderíamos negar que há mentes mais inclinadas para a Matemática, assim como há mentes

9

mais inclinadas para a Literatura ou para a Música, muito na linha do que comumente se chama Inteligências Múltiplas, também não podemos negar que há diferentes manifestações matemáticas, algumas dessas mais ou menos acessíveis a uns ou outros indivíduos. Isto é, há vários tipos de manifestações matemáticas, igualmente válidas, assim como há várias modalidades de inteligências igualmente respeitáveis e cultiváveis no sistema escolar. É função essencial do educador matemático entender essas várias modalidades de Matemática e de inteligência e coordená-las adequadamente na sua ação pedagógica. Isso se aplica igualmente à pesquisa e às prioridades nacionais dos vários países. Conseqüentemente, o componente sociopolítico permeia todos os nossos trabalhos sobre Educação Matemática. Este capítulo é básico e, como dissemos, é baseado num dos primeiros trabalhos nessa orientação. O texto original foi publicado no volume Educación en las Américas IV, *em 1976, com o título "Objetivos e Tendências da Educação Matemática em Países em via de Desenvolvimento".*

O captíulo 2, *"Considerações Histórico-Pedagógicas sobre Matemática e Sociedade" foi publicado, na versão aqui apresentada, na revista* Ciência e Filosofia *n.º 2 (1980). A primeira versão, mais extensa e detalhada foi objeto de uma conferência no 3.º Congresso Internacional de Educação Matemática, que se realizou em Karlsruhe, Alemanha, em setembro de 1976.*

Já o capítulo 3, "Teoria e Prática em Educação Matemática", elabora sobre duas conferências: a primeira parte constitui a conferência de abertura no "Seminário de Trabalho sobre Práticas de Ensino de Matemática", realizado em Rio Claro em 1983 e nunca foi publicada. A segunda parte é uma elaboração da conferência de abertura pronunciada no "III Encontro sobre Ensino de Ciências no Piauí", realizado em Teresina em 1984, e também nunca foi publicada.

O capítulo 4, intitulado "Em Busca de uma Teoria de Cultura", baseia-se nas idéias expostas na conferência pronunciada no "II Simpósio Sul-Brasileiro de Ensino de Ciências", realizado em Florianópolis em 1985.

O capítulo 5: "Matemática para Países Ricos e Países Pobres: Semelhanças e Diferenças" é uma elaboração da conferência pronunciada num simpósio realizado no Suriname em 1982 e denominado "Mathematics Education for the Benefit of Caribbean Countries". *O texto representa um enfoque que sintetiza muitas das teorizações contidas nos trabalhos anteriores e traz à discussão temas como relação entre alfabetização e "matematização" e o papel da etnomatemática na educação matemática. Embora tenhamos introduzido o conceito de etnomatemática já no ano de 1976 e o termo tenha sido usado em vários trabalhos a partir de então, a linha de pesquisa que resultou no início de uma teorização do conceito de etnomatemática é diferente* daquela que caracteriza os trabalhos reunidos neste volume. Assim, deixamos para um volume que será publicado brevemente as discussões que servem de base para uma fundamentação teórica de etnomatemática. No entanto, decidimos incluir o texto sobre Matemática para países ricos e países pobres pela sua evidente relação com os capítulos precedentes.

O capítulo 6 reúne alguns exemplos que sintetizam muitas das considerações dos capítulos anteriores. O primeiro deles é um exemplo típico de modelagem para solução de problemas. Modelagem é um processo muito rico de encarar situações reais, e culmina com a solução efetiva do problema real e não com a simples resolução formal de um problema artificial. São também apresentadas algumas considerações sobre a máquina de calcular e sua utilização nos cursos de cálculo. Alguns exemplos sobre séries e algumas considerações sobre o Cálculo Diferencial Elementar ilustram o enfoque. Partes deste capítulo apareceram em 1977 na revista Contacto, editada pela Cesgranrio.

Não abordamos neste livro a utilização de calculadoras e computadores, porém um dos trabalhos selecionados para o Apêndice trata amplamente da questão.

No Apêndice incluímos o texto original e integral da conferência intitulada "Integração: Tendência Moderna no Ensino de Ciências", que pronunciamos no VI Encontro Nacional de Educação, realizado em São Carlos, SP, dias 20 e 21 de maio de 1975, organizado pela Universidade Federal de São Carlos. O tema é pertinente não só à educação matemática e inclui aspectos mais gerais de ensino de ciências, avaliação e responsabilidade geral do cientista. Achamos conveniente sua inclusão pois representa uma etapa importante na evolução das idéias expostas nos capítulos anteriores e ao mesmo tempo abre espaço para uma ligação muito íntima, infelizmente ainda incompreendida e combatida, da Matemática com as Ciências, uma verdadeira integração. Mantivemos o texto original.

Também no Apêndice acrescentamos, por julgar relacionado tanto com os capítulos do texto quanto com o texto do Apêndice, um documento de trabalho, de autoria coletiva, patrocinado pela Comissão Internacional para Instrução Matemática (ICMI), sobre a influência dos computadores e da informática em geral na Matemática e no seu ensino. É uma obra que serve de elemento de reflexão sobre o futuro da educação matemática como resultado da ampla utilização de computadores e que acreditamos completar a provocação implícita no trabalho sobre Integração, selecionado para o Apêndice. Desses dois trabalhos esperamos que fiquem algumas direções para se abordar o questionamento básico de "Como será a educação matemática no futuro?".

CAPÍTULO 1

Matemática e Desenvolvimento

Estamos atravessando uma das épocas mais interessantes da história da humanidade. Encontramo-nos diante de um progresso científico e tecnológico dos mais marcantes que, paradoxalmente, coincide com injustiças sociais e desequilíbrios dos mais chocantes entre os vários países e, muitas vezes, regiões do mesmo país. Enquanto o mundo da ciência e da tecnologia se nos apresenta capaz de realizar o que poderia ser considerado há alguns anos atrás verdadeiros milagres, a utilização dos progressos da ciência e da tecnologia para tornar a vida do homem menos angustiante parece-nos ser uma tarefa que escapa ao poder dos cientistas e, de fato, a impressão que se tem é que à medida que o progresso científico avança, menos e menos as realizações são voltadas a minorar o sofrimento do homem. Alia-se a isso um gritante desequilíbrio entre os países chamados "desenvolvidos" e o grupo dos países, agora esperançosamente chamados "em desenvolvimento". Os dados que nos são acessíveis mostram que esse desequilíbrio aumenta e que de fato cada um dos grandes progressos da ciência transformados em progressos tecnológicos tendem a piorar a situação. A presença mais recente no contexto internacional das multinacionais, produto de uma sofisticação econômica das mais notáveis, apoiada nos progressos tecnológicos mais recentes, vem ainda mais agravar a situação. Nesse quadro um tanto pessimista nos é obrigatório olhar para a nossa posição de cientistas dos países em desenvolvimento, examinar a finalidade mais imediata de nosso trabalho científico e analisar quais os ideais que devem guiar o nosso esforço. Conseqüentemente, obriga-nos a delinear uma filosofia que permita que nossos modestos recursos materiais possibilitem aos nossos incalculáveis recursos intelectuais, muitas vezes brilhantes, resultar mais imediatamente num benefício e tornar a qualidade de vida do homem latino-americano mais digna e mais esperançosa.

Ao propor o tema "Matemática e Desenvolvimento", a Comissão Organizadora da IV Conferência Interamericana sobre Educação Matemática revelou a sua preocupação sobre o assunto. Muito mais relevante do que estudar detalhes de currículo ou de metodologia dentro de uma filosofia de ensino de matemática, abstrata e ditada por tradições culturais distantes, parece-me o problema de se examinar a fundo questões tão elementares como: porque estudar matemática, porque ensinar matemática e como fazer com que essa matemática que ensinamos às crianças de 6 ou 7 anos de idade, às poucas crianças dessa idade que têm a felicidade, na América Latina, de encontrar uma escola, tenha uma influência mais direta na melhoria da qualidade de vida dos seus irmãos. Parafraseando Brecht, quando colocou na boca de Galileu as palavras: "Eu afirmo que o único objetivo da ciência é aliviar a dureza da existência humana", o ensino de matemática ou de qualquer outra disciplina de nossos currículos escolares, só se justifica dentro de um contexto próprio, de objetivos bem delineados dentro do quadro das prioridades nacionais. É unanimidade em todos os nossos países que a prioridade nacional absoluta é a melhoria da qualidade de vida de nossos povos. O que é baixa qualidade de vida, situação típica da América Latina, foi muito bem definido pelo Ministro da Educação deste país, Luiz Manuel Peñalver, em sua tese apresentada à Universidade Autônoma de Guadalajara, México: La educación y el Desarrollo Latino-Americano (5-3-1975).

Não examinar o estudo da matemática neste contexto, seria educacionalmente falho e mesmo do ponto de vista do desenvolvimento de nossa ciência, isto é, encarando o ensino puramente do ponto de vista matemático, pelo menos desinteressante. A alegria de ver tal tema proposto pela Comissão Organizadora e a profunda emoção que experimentei ao ser convidado para essa conferência, foram tão grandes quanto as dificuldades encontradas para desenvolver o tema e conduzir essa sessão a algumas conclusões. O tema obviamente não é novo, mas o contexto latino-americano em que ele se apresenta é novo e é nosso. Como disse o grande poeta da língua espanhola, Antonio Machado: "Caminante no hay camino, se hace camino al andar." A solução tem que ser encontrada por nós, a solução deverá ser autenticamente nossa, e do esquema adotado pelos países desenvolvidos, pouco poderá ser transferido à nossa realidade. Eu iria mais longe dizendo que mesmo no contexto latino-americano, as diferenças regionais tornam praticamente impossível vislumbrar uma solução que, exceto em suas linhas gerais, possa ser considerada como aplicável a todos os países. E somos então levados a atacar diretamente a estrutura de todo o ensino, em particular a estrutura do ensino de matemática, mudando completamente a ênfase do conteúdo e da quantidade de conhecimentos que a criança adquira, para uma ênfase na metodologia que desenvolva atitude, que desenvolva capacidade de matematizar situações reais, que desenvolva capacidade de criar teorias adequadas para as situações mais diversas, e na metodologia que permita o recolhimento de informações onde ela esteja, metodologia que permita identificar o tipo de informação adequada para uma certa situação e condições para que sejam encontrados, em qualquer nível, os conteúdos e métodos adequados.

Realmente, o que de conteúdo se ensina é de pouca importância no nosso contexto socioeconômico-cultural. De fato, o tipo de matemática que se ensina às nossas crianças e que será utilizado no seu ambiente de trabalho e será relevante no seu contexto sociocultural daqui a 20 anos, será absolutamente diferente daquele que se pretende de uma criança em países desenvolvidos. Obviamente, a formação dos chamados quadros de elite, que deverão existir em nossos países, e que serão os responsáveis por grandes avanços científicos que pretendemos realizar, terá uma motivação completamente diferente da dos quadros de elite dos países desenvolvidos. Quando se pensa nas origens familiares das futuras elites, vê-se que estas absolutamente dependem de seu recrutamento entre as camadas cultural e economicamente mais abastadas da população. O ensino, seguindo o conteúdo tradicional, imitado dos países desenvolvidos, é aristocrático. Enquanto naqueles países representa um processo de seleção que atinge praticamente todas as camadas da população, em nossos países representa um processo de seleção que marginaliza pelo menos 80% de nossas populações. A justiça social a que tanto almejamos, dificilmente poderá ser obtida recrutando elites científicas entre as camadas mais abastadas da população. Gostaria de chamar a atenção para a necessidade da formação de uma elite científica, mencionada repetidas vezes, que julgamos absolutamente indispensável para o desenvolvimento de nossos países, dentro de uma justiça social expressa num processo de desaristocratização, e que permitirá a oportunidade de tais elites despontarem em todas as camadas sociais. Naturalmente, um esquema de ensino baseado em conteúdo, e que obviamente se alimenta de treinamento prévio, bem como motivação e conhecimentos adquiridos em ambiente pré-escolar, dificilmente poderá fazer com que essa elite se desidentifique das classes dominantes em nossos países.

Qual seria então a alternativa a um currículo não baseado num conteúdo prefixado? Mais uma vez insistimos na tese do ensino integrado como única possibilidade de se desenvolver valores científicos ligados à nossa realidade, e não voltados a uma realidade estrangeira culturalmente colonizante [15]. O processo que o sociólogo brasileiro Gilberto Freyre chama de eslavo-ianquenização da nossa cultura, é provavelmente muito mais evidente no estudo de ciências, sobretudo na matemática, em todos os seus níveis. De outro modo, dificilmente poderíamos explicar a atitude simiesca com que foram adotados em nossos vários países as modernizações no ensino de matemática, de triste fama.

Naturalmente, situar nossa ciência dentro de um contexto integrado, talvez cause uma certa perda de autonomia da disciplina, relaxamento dos padrões desgastados, embora tradicionais, de rigor matemático. Mas a sua substituição por um conceito não absoluto de rigor, permitirá que nossa ciência seja acessível e utilizada em vários níveis, em várias situações e não preservada para uma utilização restrita a alguns poucos iniciados. De fato, assim tem sido, muito a contragosto dos puristas. A intuição física, a intuição do tecnólogo, sobretudo do engenheiro, tem sido responsável pela antecipação de várias teorias matemáticas que só ganharam seu *status* muitos anos após sua utilização com enorme sucesso pelos chamados "não matemáticos". Uma atitude assim parece-me perfeitamente sadia, e conduz a graus de rigor e níveis de abstração que permitirão atingir, no devido tempo, toda a pureza procurada pelos puristas, e acreditamos que mais rapidamente e mais ligada à realidade do que como tradicionalmente se faz. Como dizíamos, abrir mão da autonomia e da intocabilidade quase absoluta que tem a matemática no contexto escolar, desde os níveis primários até os universitários, parece-me absolutamente necessário. Talvez fosse mesmo desejável usar a denominação "atitude matemática" ao invés de simplesmente "matemática". Tal atitude matemática somente pode ser desenvolvida dentro de um contexto integrado de análise da natureza. Dificilmente poderia Galileu ser a seu tempo classificado de matemático, do mesmo modo como não o foram Newton e Leibniz. Isso implica em toda uma reformulação do que é considerado hoje a estrutura formal que deverá ser atravessada, degrau por degrau, por aqueles que querem galgar teorias matemáticas mais avançadas. Gostaria de voltar a insistir que a motivação básica para tudo que fazemos, pesquisa, ensino, enfim toda nossa atividade, é a melhoria da qualidade de vida do homem. Nós, matemáticos, temos um cabedal de conhecimentos acumulado durante milhares de anos, através de várias culturas, e há uma coincidência surpreendente entre o desenvolvimento matemático nessas várias culturas. Talvez mais do que qualquer outra manifestação do conhecimento humano, a matemática seja universal. Assim sendo, permite uma análise crítica sobre seu papel na melhoria da qualidade de vida, com inúmeras interpretações sobre o que representa a ciência para o bem-estar do homem.

Não podemos deixar de mencionar o potencial da matemática para ajudar na solução dos problemas de base do nosso desenvolvimento. Mas tal potencial, sentido por todos, se situa cada vez mais na área de mistério e, até certo ponto, misticismo. A comunicação com o grande público, sobretudo com os demais cientistas, tem sido uma preocupação dos matemáticos de todos os países, sobretudo agora que a matemática absorve considerável porção de investimento e fundos governamentais para o desenvolvimento científico e tecnológico. Essa comunicação com o grande público e com o público científico em geral, torna-se não só conveniente, mas também necessária para os matemáticos. Dar conhecimento ao grande público de como vêm sendo empregados os vários milhões investidos em pesquisa matemática, quais as perspectivas de sua aplicação imediata ou mesmo remota para a solução dos problemas básicos de nossos países e, sobretudo, de que forma estamos contribuindo para a melhoria da qualidade de vida do nosso povo, parece-me obrigação fundamental. Sobretudo uma análise dos fatores que vêm determinando as prioridades na pesquisa matemática em nossos países, bem como os esforços que estamos realizando para que tal prioridade seja sensível à problemática do desenvolvimento.

Essa observação nos traz de volta ao tema principal de nossa intervenção, qual seja nos situarmos no contexto de nosso desenvolvimento. A própria manutenção do suporte para o desenvolvimento da Matemática Pura, independentemente das aplicações imediatas, será enormemente favorecida pela perspectiva de sua posição nesse contexto. É fato reconhecido e aceito sem hesitações, que o fortalecimento das várias áreas de pesquisa matemática, tem sido um investimento dos mais relevantes para o desenvolvimento científico e tecnológico de todos os países, permitindo a consolidação de uma infra-estrutura de base capaz de absorver novos avanços científicos e, conseqüentemente, nova tecnologia. Do mesmo modo, tal desenvolvimento da pesquisa matemática básica tem sido, conforme exemplos encontrados em outros países, um ponto de apoio dos mais fundamentais para a adoção de novas opções socioeconômicas, que se traduzem numa efetiva melhoria da qualidade de vida e do bem-estar dos povos. Dificilmente poderíamos adotar novos modelos previdenciários adequados à nossa realidade, ou procurar novas opções de produção e distribuição de energia, ou propor medidas de proteção ao meio ambiente, ou adotar esquemas de produção e distribuição de gêneros alimentícios, ou ensaiarmos modelos econômicos mais rendosos, sem uma base científica solidamente construída sobre conhecimentos matemáticos básicos. A não aceitação desses fatos, nos colocaria indubitavelmente na qualidade de receptores de modelos estrangeiros, em condições quase inviáveis de propor novas alternativas e opções e de procurar para o nosso país um modelo próprio e autêntico.

Sem dúvida, quando falamos em desenvolvimento devemos nos ater ao contexto regional e temporal. As prioridades desenvolvimentistas mudam com o passar do tempo, mudam de região para região. O não conhecimento do fato de que as prioridades mudam e são ditadas pelo momento histórico do país ou da região a que elas se referem, causa uma aberração no desenvolvimento científico. De fato, para que estamos fazendo ciência? Para colaborar no acoplamento de duas naves espaciais? Mesmo que a nossa contribuição nessa direção permitisse a algum cientista latino-americano a obtenção do Prêmio Nobel, os milhares de crianças mortas por uma epidemia de meningite ou por um terremoto, não seriam ressuscitados com esse Prêmio Nobel. E não seriam evitados, tampouco. É todo um enfoque na pesquisa científica que nos parece menos prioritário. Isso é muito amplo e deve ser interpretado num contexto socioeconômico-cultural muito mais profundo. Há o perigo de se fazer ciência e contribuir para um progresso científico que irá beneficiar nações altamente industrializadas e dominantes, colocando nossos jovens cientistas a estudar problemas ditados por universidades ou centros de pesquisa estrangeiros, numa situação não de trabalhadores científicos para seu próprio país, mas como elementos favorecendo o aumento do desnível que nos separa dos países desenvolvidos. Cada progresso científico altamente especializado que se obtenha aqui, pode representar um avanço maior das nações industrializadas colocando-nos relativamente mais para baixo. Merece alguma reflexão o estudo de Gunnar Myrdal na sua obra monumental *O Drama Asiático*. O brain-drain, já tão lamentado, passa a ser substituído por uma estrutura em que nossos fundos são utilizados para benefício do exterior. Coisas desse gênero podem ser evitadas. Não estamos absolutamente assumindo uma posição similar à que se vê muito discutida pelos anticientistas, representados principalmente nos ensaios contidos em uma coleção de trabalhos editada por A. Joubert e J.-M. Lévy Leblond, *Auto-Critique de la Science* [26]. Absolutamente, não é essa a posição. Temos muito a nos beneficiar da ciência. A ciência pode nos trazer benefícios incalculáveis. Mas como se orienta essa pesquisa científica é o ponto crucial. E pesquisa científica deve ser orientada conforme prioridades nossas. E prioridades nossas são, basicamente, a melhoria da qualidade de vida do nosso povo. Não se pode, no entanto, esperar milagres com o mero desenvolvimento científico. É muito interessante o estudo de Michael Moravsik e J. M. Ziman "Paradisia and Dominatia: Science and the Developing World", aparecido em *Foreign Affairs* [36], bem como os comentários sobre esse artigo feitos por Nicholas Wade, na revista *Science* [45]. Mas não há dúvida que o desenvolvimento de uma atitude matemática adequada será de grande valia para nosso futuro.

A estrutura educacional, em particular a universitária, tem muito a ver com o tipo de cientistas que formamos e preparamos para o nosso futuro. A experiência tem mostrado que é quase impossível treinar matemáticos aplicados, assim como qualquer outro cientista, para uma determinada aplicação. O treinamento do matemático aplicado não se faz dizendo: "Você vai ser treinado para aplicar tal teoria nessa direção." O treinamento, ou qualquer outra técnica que se desenvolva ou se apresente formalizada ao aluno, quando chega à aplicação tende a ser aplicável a situações semelhantes àquela para a qual foi desenvolvida. O cientista não é um indivíduo que opera uma certa técnica, mas sim aquele que cria, que oferece novas direções de ataque à problemática antiga ou nova. Seu treinamento deve se limitar portanto a um mínimo de informações. O conteúdo da formação do cientista deve ser enormemente reduzido, com relação ao que se faz em nossas escolas. Ao invés de acúmulo de conteúdo deve-se dar ênfase ao desenvolvimento de atitude científica em relação a problemas, e de metodologia de coleta de informações que serão úteis uma vez identificado o problema e definida a forma de atacá-lo. Se quisermos um modelo de como não deve ser o treinamento de cientistas para aplicações, citaríamos o modelo de pós--graduação que está sendo adotado em vários países da América Latina, que conduz à estagnação da criatividade dos jovens. É o modelo de pós-graduação copiado do decadente modelo americano que, infelizmente, tem sido geralmente adotado e encorajado entre nós. Não há dúvida que o ataque a problemas relevantes só pode ser feito através de interdisciplinaridade. Uma interdisciplinaridade logo no início da formação do jovem cientista e não uma interdisciplinaridade reunindo conhecimentos já cristalizados. Realmente, o conhecimento especializado é nada mais que um instrumento na solução do problema.

Voltamos assim ao ponto mencionado de como preparar matemáticos que sejam relevantes para o nosso processo desenvolvimentista. Não tenho dúvidas em afirmar que a estrutura tradicional do ensino e pesquisa que prevalece em nossos países é inadequada para os fins com que sonhamos. Na melhor das hipóteses, tal estrutura nos permitirá acompanhar como usuários os maravilhosos progressos que a ciência e a tecnologia nos reservam para o futuro próximo. A estrutura de pesquisa e ensino científico que vivemos, traz-nos à lembrança a corte do Rei Christophe, tão magistral e tristemente descrita por Aimé Césaire. Realmente, a implantação de uma estrutura estranha e não adequada às nossas prioridades só pode nos conduzir àquele ridículo trágico que o grande poeta nos descreve. Um esforço para estabelecer uma estrutura universitária e de pesquisa realmente sensível aos nossos objetivos e às nossas aspirações é missão da mais alta urgência. Como já tivemos ocasião de discutir, a possibilidade de uma experimentação nessa direção e de tentar esquemas próprios, esquemas nossos, esquemas inovadores, encontra sempre a barreira das instituições já cristalizadas por uma pseudotradição, estrangeira às nossas prioridades, e aos nossos valores — ver [7] e [12]. No que se refere à Matemática, a situação é particularmente grave. Talvez pelo estágio relativamente avançado de formalização em que se encontra nossa ciência, uma supervalorização de sua estrutura rigorista e seu formalismo faz com que as possibilidades de aplicação sejam mais e mais remotas e levadas a um nível extremamente elevado. Nossa condição de receptor de modelos desenvolvidos alhures, coloca-nos não somente numa defasagem entre as várias possibilidades de aplicação matemática a problemas de base que afetam o nosso desenvolvimento, mas sobretudo uma situação de quase absoluta inadequação das teorias desenvolvidas em outro ambiente e em outra situação, aos nossos problemas mais fundamentais. Enquanto um matemático aplicado da categoria de Harold Grad diz que "se a história é um guia, essas novas estruturas matemáticas são o que se deve esperar que dará os fundamentos da Matemática Pura para as próximas gerações" [22], quando se refere a problemas matemáticos que surgem em pesquisa sobre fusão termonuclear controlada, poderemos dizer mais uma vez que se a história é um guia, dentro de alguns anos algumas das nossas faculdades de ciências na selva amazônica estarão estudando essas novas estruturas matemáticas com vistas à aplicação em problemas desse tipo. Ao mesmo tempo em que provavelmente não haverá um especialista em condições de aplicar as modernas técnicas de previsão e controle de terremotos, que fazem com que ainda hoje ocorram tragédias. O argumento em contrário procura nos convencer que não é possível atingir um grau de sofisticação matemática útil, capaz de atacar tais problemas, sem passar pelas várias etapas de construção de uma teoria matemática que se traduz em 10, 15 ou 20 anos de formação universitária matemática, isto é, teoria, teoria, teoria até que se esgote a capacidade criativa do jovem pesquisador.

Tal argumento não é novo e me traz à memória a refutação ao ensino público estabelecido na França após a Revolução Francesa, feita por N. Déchamps na sua exaustiva obra *Les Sociétés Secrètes et la Société* [20], quando dizia que ninguém deveria esquecer que foi o ensino privado paroquial que formou os Copérnicos, os Galileus, os Newtons, os Leibniz, os Pascals, os Descartes e tantos outros cientistas pré-revolução. Realmente, a pobreza de tal argumento nos conduziria a admitir o ridículo de que o acúmulo de conhecimentos adquiridos pela humanidade só é atingido retraçando a história de toda a obtenção desse conhecimento. É evidente que o acesso ao conhecimento mais recente, ao conhecimento já elaborado pelas várias sociedades desenvolvidas e industrializadas, é absolutamente essencial para nós. No Simpósio sobre Ecossistemas patrocinado pelo SIAM (Institute for Mathematics and Society) e pela National Science Foundation em Alta, Utah, em julho de 1974, o biólogo Lawrence B. Slobodkin da State University of New York at Stony Brook, elaborou 10 pontos que ele gostaria que os matemáticos não fizessem quando trabalhassem em biologia populacional [28]. Entre esses pontos, diz: "Eu gostaria que os matemáticos teóricos parassem de redescobrir a roda." Realmente, a mesma observação se aplica a nós. Absolutamente não se trata de redescobrir teorias, não se trata de refazer teorias. Simplesmente se trata de utilizar adequadamente as teorias matemáticas já existentes para a solução de problemas de base em nosso desenvolvimento.

A utilização de teorias avançadas e sofisticadas, exige um enorme esforço metodológico para tornar essas teorias acessíveis desde o início da carreira do cientista. Aqui me parece estar o ponto crucial de nossa argumentação. Creio ser absolutamente insustentável a argumentação de que a Matemática deve ser construída como um edifício lógico em que se superpõem conceitos, em que se superpõem resultados, e que a sofisticação atingida depende realmente de quão alto se vai nessa superposição de tijolos para construir o edifício. É absolutamente essencial, e eu diria fundamental, que possamos utilizar técnicas sofisticadas na solução de problemas que são nossos e que não interessarão a outros que não nós, que não serão objeto de preocupação de outros que não nós, e que não fazem a humanidade sofrer que não a nós. Como dizia, é absolutamente essencial que ataquemos os problemas de metodologia para trazer esse conhecimento avançado e sofisticado ao nível de sua utilização quase imediata. De fato, acelerar a formação de nossos jovens pesquisadores é da mais alta importância para o nosso futuro científico e tecnológico. Infelizmente, nota-se a superposição de uma estrutura de pós-graduação a uma estrutura universitária, aumentando o tempo de formação do indivíduo muito mais do que a nossa realidade exige. A grande maioria dos problemas que poderiam melhorar consideravelmente a nossa qualidade de vida, são problemas que poderiam ser atacados por um jovem no início de sua carreira universitária. No entanto, nessa idade, com toda criatividade e idealismo característicos do jovem, o estudante é sujeito a uma construção teórica fundada na metodologia curricular desgastada das universidades americanas e européias, e que de nenhum modo o conduz a uma apreciação dos problemas em que a sua contribuição seria tão essencial. Como se vê, isso afeta profundamente a estrutura curricular de nossas escolas, sobretudo universitárias. Digo sobretudo porque as mesmas observações podem ser feitas com relação a todos os níveis de escolaridade. Nos primeiros níveis de escolaridade, 1.º e 2.º graus, o que mais se deveria desenvolver é a sensibilidade para apreciar esses problemas. É a motivação para esse gênero de raciocínio. Já nos estudos secundários superiores e universitários, a participação dos jovens pode ser relativamente efetiva na solução dos problemas.

Vamos examinar alguns dos aspectos do que seria essa estrutura universitária adequada a permitir que os jovens se encontrassem rapidamente em contato com os problemas de base. No que se refere à matemática, o problema poderia se transformar num outro, isto é, perguntando-se como a matemática se transforma em algo que possa ser mais imediatamente utilizável. Esse processo de transformação é aparentemente misterioso e dentro dos esquemas tradicionais, de rendimento muito baixo. Muito pouco do que se faz em matemática é transformado em algo que possa representar um verdadeiro progresso no sentido de melhorar a qualidade de vida. É inadmissível que aceitemos esse fato sem contestação, como um fato consumado, e não façamos esforços para mudá-lo. Poderíamos ir mais longe, dizendo mesmo que muito da matemática que se faz, é insuficiente para atacar alguns dos problemas básicos que afetam a humanidade. Na verdade, existem inúmeros problemas de biologia que não podem ser resolvidos por falta de uma matemática adequada. A maioria dos problemas de sociologia, quando se tenta quantificá-los, esbarra na falta de um instrumento matemático adequado. O mesmo se pode dizer de Economia, embora realmente a Economia talvez seja a mais matematizada das ciências chamadas não naturais. Paradoxalmente, cada dia a quantidade de matemática existente e criada, é maior. A quantidade de matemática sendo criada é fabulosa, o que a torna praticamente inacessível ao jovem matemático. Para mudar esse estado de coisas, exige-se medidas corajosas e realmente arrojadas. Tradicionalmente, o ensino de matemática é feito pelo acúmulo de conteúdo. O que se faz é acumular conteúdos e um jovem que entra num 1.º ano universitário faz disciplinas que não diferem essencialmente do que se fazia há cem anos atrás. Cálculo e Geometria Analítica feitos nos cursos universitários são praticamente os mesmos que se faziam no século passado, seguindo praticamente os mesmos passos e levando, senão o mesmo, ainda mais tempo, com o argumento de que os estudantes que agora entram nas universidades são menos preparados do que os da geração anterior. O mesmo quadro se repete no 2.º ano, no 3.º ano, no 4.º ano e na pós-graduação, onde os esquemas tradicionais estão ali implantados. Os requerimentos básicos de um mestrado hoje em dia não diferem essencialmente dos requerimentos básicos para um mestrado nos E.U.A. há 30 anos atrás. No máximo, pode-se introduzir algumas tinturas de algo moderno, sobretudo nomenclatura. Na realidade, o aluno passando por um currículo universitário de matemática não sentiu e não recebeu o impacto do mundo em que ele vive. Não sentiu quais são os problemas básicos que determinam a estrutura social à qual ele pertence. Ocasionalmente se vê alguma tentativa de melhorar o programa modificando ligeira e superficialmente algumas ementas de disciplinas e os programas dos exames de qualificação.

Vamos discutir a seguir o que seria uma alternativa universitária que melhor respondesse à preparação do matemático com vistas ao desenvolvimento, e sensibilizado pelos problemas que afetam a sua comunidade. De fato, o ensino de conteúdo matemático, e o mesmo se aplica a qualquer outra disciplina, deveria se limitar ao mínimo de linguagem que permitisse a esse indivíduo a comunicação com outros cientistas. Na verdade, linguagem que permita a ele ter acesso a conhecimento aprofundado e especializado, depositado em alguns bancos de conteúdo, tipo biblioteca, mas dirigido essencialmente a um público que necessita de informação rápida e direta. Tal linguagem fundamental e que seria adquirida em muito pouco tempo, num semestre ou no máximo um ano de ensino universitário tradicional, permitiria ao aluno identificar trabalhos, livros e mesmo teorias onde tópicos que lhe seriam necessários poderiam ser encontrados. O argumento imediatamente contraposto a que já nos referimos, é que é impossível chegar a uma teoria avançada em matemática sem se construir a base necessária com o devido rigor para que se chegue àquele ponto. Mais uma vez, vamos contra a opinião generalizada. O tratamento rigoroso de matemática é um mito contra o qual devemos lutar. Em verdade, é essencial que preocupações de rigor não interfiram com as bases intuitivas da matemática. Entendemos que sensibilidade para rigor matemático é algo que se adquire, que se sente após alguma vivência com matemática, e que surge naturalmente com o desenvolvimento do que poderíamos chamar "intuição para rigor". Desse modo, tratar os diversos assuntos que aparecem em matemática com o devido "rigor" pode neutralizar o que nos parece a função essencial do ensino de matemática, bem como de qualquer outro assunto. A ênfase estaria em despertar no estudante curiosidade e espírito inquisitivo que, aliado a algum gosto pelo assunto, o motivará a procurar tratamento mais aprofundado e mais rigoroso. Naturalmente, esse tratamento será apresentado em escalas de rigor, que por sua vez estimularão tratamentos ainda mais profundos e ainda mais rigorosos. O quanto de profundidade e de rigor é atingido no tratamento de qualquer assunto matemático, depende única e exclusivamente do indivíduo que está se exercitando na procura desse assunto. Jamais poderá ser determinado por condições externas, imposto por um currículo rígido. Realmente, o quanto um indivíduo aprende na escola é de menor importância. De muito menor importância do que a capacidade que ele adquiriu de aprender coisas novas quando devidamente motivado. Realmente, as várias teorias e resultados matemáticos obedecem uma dinâmica tal que a sua validez desaparece quando inserida num contexto abstrato.

Superada esta primeira fase de linguagem, a ênfase na formação universitária passaria para o desenvolvimento de motivação através de uma técnica de formular e identificar problemas, em situações as mais diversas. Lembro-me de uma estória de aventuras em que o anti--herói foi aprisionado e condenado à morte por uma tribo de indígenas. Antes de ser executado, deveria explicar ao chefe a utilização do rifle que possuía. Começou sua lição com todos os detalhes de construção do rifle, de como montá-lo e desmontá-lo e até deu técnicas de balística interna e externa! E foi sobrevivendo, conseguindo desmoralizar e desgastar a justiça da tribo que o capturou. Nós também estamos sendo desgastados pelo anti-herói que no nosso caso é a estrutura científica e universitária importada. Um matemático tradicional se comporta de modo semelhante. O matemático tradicional procura entender todos os detalhes do funcionamento de um teorema, quer ser exposto às suas provas completas, obviamente repousando na construção de uma estrutura lógica. Na realidade, podemos usar eficientemente muita matemática sem saber muitos teoremas, nem saber como demonstrá-los. Da mesma maneira como um piloto de corridas pode usar a sua máquina com grande eficácia sem saber a cinética química dos motores de combustão interna. Essa técnica de identificação de problemas e de técnicas para atacar problemas parece-me essencial no desenvolvimento da formação universitária do matemático.

Uma terceira componente que necessariamente deve acompanhar o desenvolvimento de linguagem e o desenvolvimento de motivação para problemas é uma metodologia de acesso à informação. Tal metodologia pode ser desenvolvida embora exija um esforço enorme de nossa parte para tornar a matemática acessível a vários níveis em que ela se faz necessária. Mas é perfeitamente possível. Lembro-me perfeitamente do exemplo de uma enciclopédia tradicional em ordem lexicográfica, que exige uma certa metodologia de consulta. Essa metodologia nos passa praticamente desapercebida, primeiro pelo fato de ser simples e depois pelo fato de ser muito freqüente: admitimo-la como parte integrante de nossa vivência. No entanto, a dificuldade de tal metodologia se faz sentir por exemplo, ao se consultar uma enciclopédia moderna, como a *Britannica III*. As técnicas usuais de consulta de enciclopédia absolutamente não permitem que se obtenha da *Britannica III* toda a informação desejada. E na realidade, muito mais informação está ali contida do que nas enciclopédias tradicionais. Algo semelhante deve ocorrer com a matemática. É necessário que se desenvolva uma técnica de acesso a conhecimento, e tal conhecimento, acumulado e depositado, deverá ser acessível a vários níveis de necessidades. Sem dúvida, aí está contida uma das componentes mais importantes do desenvolvimento de computadores dos anos futuros.

O modelo universitário proposto, deslocado do acúmulo de conteúdos, permitindo que toda a estrutura universitária repouse num tripé, qual seja, uma componente destinada a desenvolver linguagem, outra destinada a desenvolver técnicas de identificação e ataque a problemas, e uma terceira componente destinada a desenvolver uma metodologia de acesso a conhecimento acumulado, tal modelo constitui o que acreditamos ser uma estrutura universitária adequada para os nossos países, e que permite colocar mais rapidamente e mais diretamente todo o conhecimento científico acumulado em milhares de anos, pelas várias culturas que hoje constituem o nosso patrimônio, a serviço de melhorar a qualidade de vida do homem. Sem dúvida, não podemos esquecer nossa procura de uma tradição cultural, um entendimento e apreciação dos valores tradicionais das culturas pré--colombianas que constituem a base sobre a qual nossas nacionalidades repousam.

Embora a proposta que se faça aqui possa parecer irrealizável em vista de implicar que depende de uma reforma universitária de grande profundidade, a prática permite que se adote a filosofia e o esquema aqui propostos, mesmo dentro da atual estrutura universitária e curricular. Um modelo que segue em linhas gerais tal filosofia, está sendo experimentado na Universidade Estadual de Campinas, em convênio com o Ministério de Educação e Cultura do Brasil e a Organização dos Estados Americanos [17]. As próprias disciplinas que hoje constituem as componentes dos currículos tradicionais em nossas universidades podem ser orientadas para a filosofia a que nos propomos. Um professor encarregado de um curso de Cálculo ou de Análise, poderá perfeitamente dirigir o seu curso dentro de um esquema repousando nas componentes que defendemos para a estrutura universitária, quais sejam, aspectos sensibilizadores, metodologia de acesso a conhecimentos e conteúdo adequado para a solução de problemas. A adoção de uma forma de ensino mais dinâmica, mais realista e menos formal, mesmo no esquema de disciplinas tradicionais, permitirá atingir objetivos mais adequados à nossa realidade.

CAPÍTULO 2

Considerações Histórico-Pedagógicas sobre Matemática e Sociedade

Neste capítulo vamos dar um esboço de análise sociológica dos rumos que tomam a pesquisa e o ensino matemático, com motivação na sociedade em que estão inseridos. Este capítulo é uma elaboração de alguns conceitos apresentados no 3.º Congresso Internacional de Educação Matemática, em Karlsruhe, Alemanha, em agosto de 1976 [11]. Distinguimos várias formas de aquisição de conhecimentos, que podem servir como guia para uma breve análise histórica. Distinguimos experiências puramente vitais e instintivas, através das quais a criança aprende a sobreviver e a continuar a espécie, e que têm sido tradicionalmente colocadas sob a orientação das famílias ou estruturas do tipo familiar. Distinguimos ainda experiências do gênero sociocomportamental, pelas quais a criança adquire atitudes básicas de conduta e os primeiros valores morais, o que também tradicionalmente toma lugar em estruturas do tipo familiar. São os componentes básicos do que Margaret Mead chama "modelo pós-figurativo" [33], o qual encontramos presente em praticamente todas as sociedades. Distinguimos igualmente dois tipos de educação, de caráter mais formal, que classificamos como artesanal ou profissional e contemplativa ou especulativa. Na primeira categoria colocamos os modelos, se assim podemos chamá-los, espartano e romano, bem como a estrutura tradicional de serviço público na China imperial. Colocamos ainda nessa estrutura as culturas de iniciação, que prevalecem até hoje, principalmente nos países da África. Ao mesmo tempo, distinguimos nessa forma de educação uma intromissão do que chamamos "educação contemplativa", e que é representada inicialmente por práticas religiosas, motivada pela busca do entendimento ou da compreensão do lugar do homem no universo, e que certamente se manifesta mais intensamente como produto de estabilidade econômica e social. Na análise dessas duas formas de educação, identificamos a gênese das idéias científicas, como foi bem claramente posto por Pierre Duhem ao dizer que é impossível identificar um ponto de partida bem definido para as idéias científicas, embora neste começo um tanto nebuloso possamos identificar exemplos nos quais as duas estruturas de educação juntam esforços num conhecimento refreado. Por outro lado, podemos distinguir a preservação das duas estruturas com raízes na sociedade de classe. Não vamos nos estender no estudo, extremamente atrativo e necessário, do nascimento das idéias científicas. Referimos o leitor ao excelente livro de Bernal [6], e à análise por Menninger [34], no caso especial da Matemática.

Como em todos os ramos do conhecimento, os primórdios da Matemática são parte de um contexto, embora provavelmente seja mais fácil identificar, na Matemática, o relacionamento entre as duas estruturas educacionais que mencionamos acima. As primeiras noções de palavras, números, numerais e símbolos numéricos, usando a terminologia de Menninger, mostram fortes componentes práticas, bem como características lingüísticas que são, na verdade, uma reflexão do aspecto contemplativo, como por exemplo, as seqüências: 1, 2, muitos; singular, plural, dual, que se encontram na gramática grega, sempre colocando o 3 como um passo através do limiar da compreensão. Do mesmo modo, o trabalho de Claudia Zaslavsky, sobre o processo de contagem na África, ilustra um modelo definitivo de considerações práticas nas culturas africanas, que evolvem para outras formas de considerações mais contemplativas [48]. Como R. L. Wilder bem menciona, a componente cultural que mais certamente vamos encontrar entre todos os seres inteligentes e construtores de uma cultura é a existência do processo de contagem [47]. Isto pode ser um argumento para deslocar o processo de contagem como um dos principais componentes da educação matemática, quando a consideramos com objetivos puramente intelectuais. Seria interessante estudar comparativamente o desenvolvimento da Matemática em civilizações onde o ábaco era muito usado, bem como nas civilizações pré-colombianas, sobretudo entre os incas. Embora aceita como parte integrante da aritmética teórica na cultura ocidental, a aritmética ordinária, que entendemos simplesmente no sentido de fazer cálculos, não é mais que um mecanismo, e como tal, de menor importância do que tem sido dado a ela desde os tempos medievais, quando foi incorporada como parte central dos estudos elementares de Matemática. Com relação a isso, o argumento de Rijkitaro Fujisawa, contido como um apêndice ao excelente trabalho sobre Matemática na China e no Japão, publicado por Yoshio Mikami, é altamente ilustrativo sobre o processo de adoção da prática de calcular nas escolas japonesas durante a reforma escolar em 1868, em que o ábaco foi erradamente relegado a uma importância secundária [35]. De fato, enquanto menos ênfase era colocada sobre a capacidade de calcular pelos matemáticos gregos, esse não foi o caso com a civilização romana. A enorme ênfase dada à teoria dos números pelos pitagóricos e outros, que foi levada até as escolas medievais, deve ser separada da habilidade de calcular, como muito bem esclarece Platão no livro VII da *República*. Também Aristóteles, que atribuía aos números uma interpretação física, por razões muito claramente discutidas por Morris Kline em seu excelente *Mathematical Thought from Ancient to Modern Times*, notamos um papel de menor importância, quase não matemático, para a habilidade de calcular [27]. Na verdade, os gregos transmitiram dois ramos da Matemática desigualmente desenvolvidos: uma geometria sistemática e dedutiva, com substanciais considerações sobre teoria dos números, e uma aritmética pouco desenvolvida, heurística e empírica, baseada essencialmente em práticas de calcular, não consideradas propriamente como Matemática. Esse ramo foi perseguido pelos romanos, que fizeram uso prático da medição e contagem, desenvolvendo muitas formas de ábacos e de contagem por dedos. Essa técnica, que de acordo com Menninger é uma verdadeira máquina de calcular, parece ter sido passada de geração em geração por tradição fora do contexto escolar. Nenhum texto, descrevendo a capacidade de contar por dedos ou por ábacos, é parte do legado acadêmico, e essa habilidade se encontra igualmente entre analfabetos, não requerendo qualquer forma de escola no sentido tradicional. Isso é evidenciado pela seguinte observação de Fibonacci, que mostra a dicotomia entre a Matemática e a habilidade de calcular ou fazer operações: "Se esses números, inventados pelos hindus, e a sua anotação posicional devem ser dominados completamente, é necessário aprender a contar nos dedos." Interessante notar também, do mesmo Fibonacci, o reconhecimento da numeração posicional como uma verdadeira máquina de calcular: "Os 9 números dos hindus são: 9, 8, 7, 6, 5, 4, 3, 2, 1, e com eles e com o sinal 0, qualquer número desejável pode ser escrito," o que foi incorporado ao livro sobre aritmética escrito por Sacrobosco, e considerado o trabalho mais conhecido descrevendo operações com numerais arábicos até o século XVI. No entanto, fatores socioeconômicos foram na verdade decisivos na utilização dos numerais e da notação posicional como um componente da escola pós-medieval. De fato, tal utilização foi introduzida não por ser mais prática ou mais eficaz que a utilização de dedos ou de ábacos, mas simplesmente para permitir um comércio mais eficiente com outros povos pelas repúblicas marítimas italianas. Isso aconteceu em várias disciplinas, e de fato o que era domínio da educação artesanal ou profissional, entrou e dominou toda a estrutura escolar no momento em que a oportunidade para a educação começou a se espalhar, universidades foram fundadas, e a tecnologia estava lançando as bases para a revolução industrial, principalmente devido à introdução experimental e conseqüentemente de uma quantificação da ciência como método por excelência das ciências naturais. As novas forças da Renascença e da Reforma combinaram-se para fazer possível uma mudança fundamental nas idéias da ciência, "maior que na política e na religião", no dizer de Bernal, substituindo a inteira estrutura científica herdada dos gregos por uma nova visão do mundo, quantitativa, atômica, infinita e secular.

Com a Matemática houve um certo vazio, uma falta de novas idéias. Quando Morris Kline compara a falta de produtividade de Matemática entre os romanos e na Idade Média, atribuindo isso a uma concepção extremamente dirigida para assuntos terrenos ou para assuntos celestes, talvez ele devesse ser mais tolerante no que diz respeito à falta de produtividade matemática naquela época, dando mais ênfase à análise do tipo de motivação que havia para se fazer matemáticas. Provavelmente, os matemáticos medievais e romanos, e o mesmo é verdade para os gregos, estavam muito mais próximos ao futuro desenvolvimento da Matemática do que é usualmente pensado. Observamos do mesmo modo que a conceituação de rigor deve ser interpretada com muito mais tolerância quando se adota uma perspectiva histórica, como foi muito bem discutido por Kenneth R. Manning em uma comunicação feita na Reunião Anual da History of Science Society, em 1975 [30]. Alguns outros casos, onde essa falta de motivação pode causar um declínio em alguns ramos da Matemática, e conseqüentemente falta de produtividade, são ilustrados na conferência dada por R. L. Wilder na Reunião Anual da American Mathematical Society, em 1976 [46]. O presente estado de Geometria Algébrica revela um fenômeno deste tipo. Nós interpretamos esse período de declínio na produtividade, e a falta de novas idéias em alguns ramos da Matemática, em verdade na Matemática como um todo, como resultado de causas extramatemáticas, e não como um estágio do próprio desenvolvimento da Matemática, como faz Oswald Spengler na sua interpretação histórica da Matemática [43]. Esse modo de colocar o pensamento matemático num contexto global, olhando para ele como instrumento que se desenvolve motivado por fenômenos externos, uma ferramenta mais fina do que a linguagem usual para simular fenômenos externos, coincide com o ponto de vista de René Thom [44]. Nesse artigo, citando o problema da relação entre a Matemática e a realidade no contexto geral da teoria do conhecimento, Thom procura explicar o papel e a função do pensamento matemático num contexto biológico que se desenvolve do animal para o homem, através do desenvolvimento da linguagem.

Voltando a algumas considerações sobre o nascimento da ciência moderna, que ganha momento com o desenvolvimento de uma nova ordem econômica durante o final da Idade Média, identificamos a importância crescente do aparecimento de cidades, do comércio e da indústria, como forçando um desvio da economia, característica do feudalismo. A burguesia que apareceu impondo uma estrutura salarial que substituiu, no fim do século XV, o serviço forçado como uma forma de pagamento e que se impôs finalmente nos meados do século XIX por toda a Europa, deu origem ao grande desenvolvimento científico e tecnológico. Foi também nesse período que foram lançadas as bases para a revolução industrial, que culminou com o alargamento das fronteiras do mundo através da navegação e conquista. Isso, por sua vez, facilitou a expansão da tecnologia, introduzindo novos materiais e matérias-primas baratas na economia, que se dirigiu intensamente ao processamento desses materiais. Não vamos discutir fatos conhecidos do desenvolvimento matemático neste período, considerado por muitos como o período de ouro da Matemática. Durante esse período, as escolas sofreram uma mudança radical. Enquanto vemos na Idade Média o aparecimento de universidades, vemos ao mesmo tempo o desenvolvimento do que pode ser chamado uma educação artesanal ou profissional, resultado de uma forma de entidade de classe de certo modo paralela à escola formal. Ao final da Idade Média, a descoberta de novas terras, a invenção da imprensa e uma nova estrutura socioeconômica consideravelmente influenciadas pelas descobertas, reforçaram a posição das universidades e estimularam a educação em nível elementar e secundário. No que se refere à Matemática, seu lugar na educação desse período é bastante fraco. Quando Richard Mulcaster publicou seu *Positions* em 1581, ele afirmava que a educação deveria levar em conta o desenvolvimento natural da criança e o ensino deveria ser restrito à leitura, escrita, pintura e música. Nessa mesma época, a escola artesanal estava ciente do progresso que resultava da revolução científica e tecnológica, o que finalmente não passou desapercebido da aristocracia, que procurou incorporar alguns momentos da escola artesanal à sua escola, modelada essencialmente em Aristóteles.

O estabelecimento da escola americana nos primeiros anos da colônia reflete, em grande parte, o que acontecia no continente europeu. Ali a aritmética aparece essencialmente como arte de contar e, igualmente como acontecia na Europa, a educação em geral dava muito pouca importância à Matemática, havendo mesmo relutância em adotá-la no conceito de uma educação prática que foi característico do sistema americano. À Matemática foi dada muito menor importância, e ela era ensinada irregularmente e muitas vezes por um professor particular, visando essencialmente habilitar o jovem à vida prática, fora do contexto da escola formal.

Chegando ao final do século XIX, entrando no século XX, vemos uma grande motivação para a pesquisa matemática derivada de muitas fontes. Nesta época, experimentamos uma posição de grande importância em todo contexto universitário e científico para ensino e pesquisa matemática. Embora haja diferentes escolas, e algumas correntes relativamente opostas, muito da Matemática que se desenvolveu na primeira metade do século seguiu o ideal de colocá-la num contexto lógico-dedutivo. Esse contexto ideal, que domina a Matemática que se desenvolveu durante esse século, encontra-se muito bem representado pelo tratado de N. Bourbaki. De fato, muito do que dominou a pesquisa matemática nesse período pode ser traçado ao início do século, quando D. Hilbert enunciou seus famosos problemas, que seriam o foco da pesquisa matemática do século XX. No entanto, não podemos concordar integralmente com o otimismo mostrado por Hans Freudenthal, quando diz que "nada é menos verdade que a Matemática moderna é somente uma versão formal da Matemática antiga: não apenas velhos problemas foram resolvidos nesse século, mas a Matemática também foi enriquecida por disciplinas absolutamente novas" [21]. Na verdade, não reconhecemos idéias novas, realmente profundas, em Matemática, quando comparadas com outras ciências, e talvez o maior impacto comece a surgir com a possibilidade de cálculos rápidos, o que era absolutamente impossível de ser feito sem a utilização de equipamento eletrônico. Da mesma maneira não vemos alteração profunda no modo como são conduzidas as escolas. Há uma mudança fundamental, que é a aceitação universal do conceito de educação de massa, mas o ataque à problemática da educação é praticamente o mesmo, baseado num ideal de fazer melhor o que gerações anteriores fizeram. Adotando qualquer das teorias modernas de aprendizagem, mudando currículo, inventando novas metodologias e utilizando tecnologia educacional estamos sempre focalizando a educação na esperança de que as crianças aprendam, que as crianças se comportem de um certo modo, e que as crianças ajam de acordo com um certo modelo. De fato, a educação moderna está sempre focalizada na sua competência para fazer o que chamamos no início deste trabalho "educação vital, educação social e educação artesanal" e todas combinadas numa certa estrutura. Há uma falta enorme de conceituação contemplativa, portanto criativa, num contexto muito mais ligado à realidade, como está muito bem ilustrado com as observações de H. E. Gruher no seu estudo psicológico de criatividade científica, analisando o modelo educacional a que foi submetido Darwin e as próprias observações do cientista [23]. Paradoxalmente, enquanto há um excesso de conservantismo em matemática e em educação durante a primeira metade do século, há uma profunda riqueza de novas direções que a ciência e a sociedade estão tomando. Sem dúvida, estamos vivendo uma nova revolução científica, com novos campos de pesquisa sendo abertos, novos instrumentos para exploração da natureza, tanto em dimensões pequenas quanto grandes, dimensões estas que a imaginação do homem dificilmente pode seguir. Campos até agora considerados como pertencentes ao domínio da religião estão começando a se estabelecer como disciplinas científicas, como por exemplo a parapsicologia.

Técnicas até agora consideradas do domínio da ficção científica estão sendo utilizadas em laboratórios, como por exemplo a criação da vida. Transplante de órgãos e raios laser estão sendo incorporados na prática do dia-a-dia, e os grandes computadores da década de 40 estão hoje reduzidos ao tamanho de um maço de cigarros. Como bem disse John Kemeny, da Dartmouth University e um dos primeiros colaboradores do esforço nuclear americano, "éramos 20 cientistas, trabalhando 20 horas por dia, 6 dias por semana, por um ano inteiro, para fazer o que um estudante de hoje pode fazer em uma tarde com uma calculadora de bolso de 15 dólares".

Do mesmo modo, a sociedade tem testemunhado mudanças profundas nessa primeira metade do século. Os acontecimentos desse período mostram uma transição de um tipo de sociedade para outro, de uma ordem econômica para outra, e uma cada vez maior interação entre ciência e sociedade. O equilíbrio de forças que resultou do desafio do sistema capitalista pelo sistema socialista, desafio este resultante das próprias contradições do capitalismo, facilitou o reconhecimento de que uma maioria da população mundial vive em condições que eram dificilmente imagináveis no início do século. A partir do último século, as políticas exterior e colonial das grandes potências foram, em grande parte, ditadas pela necessidade de assegurar uma boa parte do mercado mundial para produção dos crescentes complexos industriais. Largamente favorecidas pelo equilíbrio de forças que surgiu das duas guerras mundiais, várias nações conseguiram independência e entraram no quadro do equilíbrio mundial, desempenhando um papel crescentemente importante. Em primeiro lugar, por haver atingido independência política, essas nações lutaram pela independência econômica e cultural e partiram para a procura de sua identidade moral e cultural, até certo ponto esquecida. É desnecessário recapitular as mudanças do panorama econômico mundial resultantes desse novo quadro político. O mesmo se pode dizer das atitudes e valores da sociedade como um todo, com enormes reflexos na escola. Mas insistimos no quadro de profunda mudança social, política, econômica e comportamental que estamos atravessando, mesclado com mudanças não menos profundas da ciência e da tecnologia, e a resultante necessidade de questionar os valores morais que necessariamente desempenham papel fundamental nessa mescla. Matemática, e conseqüentemente Educação Matemática, são parte desse complexo.

CAPÍTULO 3

Teoria e Prática em Educação Matemática

Um dos preliminares que se coloca quando se tenta abordar este tema é simplesmente perguntar se efetivamente "Educação Matemática" é, em si, uma disciplina. Sem dúvida, Educação Matemática poderia ser caracterizada como uma atividade multidisciplinar, que se pratica com um objetivo geral bem específico — transmitir conhecimentos e habilidades matemáticas — através dos sistemas educativos (formal, não formal e informal). O questionamento se põe então em outros termos. Como, e o que, são esses conhecimentos e habilidades matemáticos. Não estariam eles na mesma categoria do "falar"? Haveria uma "educação para falar", no sentido acima, isto é, transmitir através dos sistemas educativos, a capacidade de falar — isto é, utilizar a linguagem como meio de comunicação? Naturalmente, podemos pensar numa educação psitácica (*psitacismo*: repetição de frases ou palavras desprovidas de sentido; *psitacídeo*: papagaio). Mas a capacidade de se comunicar através de sons, palavras e frases articuladas é outra coisa. E isso se aprende (ver, por exemplo, o filme "O Enigma de Kasper Hauser" de W. Herzog) e representou um importante estágio na evolução da humanidade (ver, por exemplo, a linguagem criada por Anthony Burgess para o filme "A Guerra do Fogo").

Por que a comparação de Matemática com o falar? Esperamos destacar assim um ponto fundamental: o fato de Matemática ser uma linguagem (mais fina e precisa que a linguagem natural) que permite ao homem comunicar-se sobre fenômenos naturais. Conseqüentemente, ela se desenvolve no curso da história da humanidade desde os "sons" mais elementares, e portanto intimamente ligada ao contexto sociocultural em que se desenvolve — por isso falamos em matemática grega, matemática hindu, matemática pré-colombiana. Daí a relevância da referência ao filme "A Guerra do Fogo". Ainda à semelhança da linguagem, aprende-se Matemática, melhor diríamos absorve-se Matemática, por um processo natural, poderíamos mesmo dizer "osmótico", resultante da vida em sociedade e da exposição mútua, da mesma maneira como a linguagem, e daí a relevância da referência ao filme "O Enigma de Kasper Hauser". A lógica de Kasper Hauser, muito peculiar, desenvolveu-se sem a exposição aos grupos sociais e etários que seriam típicos daquela sociedade naquela época. Devido a isso, ele raciocinava de maneira diferente — e podemos inferir daí que suas habilidades matemáticas também haveriam de ser diferentes. Isto se ilustra muito bem na entrevista que Kasper Hauser mantém com o Professor que procura verificar se ele é normal, no que se refere à inteligência!

Ora, destacamos assim elementos essenciais na evolução da Matemática e no seu ensino, o que a coloca fortemente arraigada a fatores socioculturais. Isto nos conduz a atribuir à Matemática o caráter de uma atividade inerente ao ser humano, praticada com plena espontaneidade, resultante de seu ambiente sociocultural e conseqüentemente determinada pela realidade material na qual o indivíduo está inserido. Portanto, a Educação Matemática é uma atividade social muito específica, visando o aprimoramento dessa atividade. Em resumo, Matemática e Educação Matemática são caracterizadas como uma *ação*, e a partir daí falaremos em teoria e prática da Educação Matemática, o que lhe dará, inequivocamente, o caráter de uma disciplina.

É interessante destacar o fato que no mundo ocidental, que é o que nos toca mais de perto, para compreender a evolução das idéias hoje prevalecentes em Educação Matemática devemos nos referir aos sofistas como a primeira indicação de suas diretrizes. Como diz H. I. Marrou [31], os sofistas foram os primeiros a reconhecer o grande valor educacional da Matemática e os primeiros a incorporá-la num sistema de ensino. É interessante destacar também a desconfiança com que os sofistas encaram a especialização e o utilitarismo fundamental ao pensamento sofista. Uma alta dose de humanismo que caracteriza esse pensamento serve de base para que eles destaquem o grande valor educativo da Matemática. Mas é efetivamente com Platão que a importância da Matemática como um dos pontos focais do sistema educacional se consolida. Seu papel no sistema educacional é duplo: essencialmente propedêutico, e também possibilitando *selecionar* as melhores mentes [40]. Mas tudo leva a crer que pouca atenção foi dada em gerações futuras ao primeiro aspecto, em que muito claramente Platão colocou a prática matemática como acessível, e mesmo natural, para todos, prevalecendo o segundo aspecto, qual seja a elitização intelectual através da Matemática. Sobretudo entre os romanos isto prevalece. E se prolonga pela Idade Média. Os tratados medievais de geometria prática mostram claramente a finalidade imediatista da Matemática, destinada a um público muito específico [3], embora já na época de Newton vemos na Inglaterra o educador Isaac Watts dizendo no seu "Discourse on the Education of Children and Youth" que "eu, de maneira alguma recomendaria para todos o estudo dessas ciências (matemáticas)... Isto nem é necessário nem adequado para todos estudantes mas apenas para aqueles poucos que devem fazer desses estudos sua profissão principal e negócio de vida, ou aqueles cavalheiros cujas capacidades em poder de mente são adequados para esses estudos" (citado em [25]).

A partir daí, fica precisa, até nossos dias, a separação claramente indicada em Platão de uma Matemática, sobretudo aprendida dos egípcios, na qual se fixa três estacas no solo e com um barbante está materializado um triângulo, e de uma nova forma de matemática, em que o triângulo resulta da marcação de três pontos num papel e com uma régua traçar os lados do triângulo. Há uma diferença essencial entre os dois modos de ver as coisas, e de acordo com Sohn-Rethel, essa distinção representa a linha divisória entre o trabalho manual e o trabalho intelectual [42]. Essa distinção, que vem a partir da Matemática de Platão determinando a base epistemológica que prevalece na ciência moderna, e a distinção entre trabalho manual e intelectual, sobre a qual repousam nossos sistemas de produção e propriedade, mereceria uma consideração mais detalhada. Sobretudo quando se pensa que prevaleceu, após Platão, o sentido de Matemática — e conseqüentemente tudo que se associa ao tipo de pensamento matemático, para as melhores mentes, isto é para o nobre ou para o proprietário ou para o intelectual — como identificação de uma elite dominante.

Vamos nos dirigir atenciosamente e de modo direto ao que hoje se denomina prática de ensino da Matemática. A prática de ensino em geral é uma ação pedagógica que visa o aprimoramento, mediante uma multiplicidade de enfoques, da ação educativa exercida no sistema educacional de maneira mais direta e característica, qual seja a forma por excelência dessa ação, isto é, o trabalho na sala de aula.

A multiplicidade de enfoques dessa ação, chamada prática de ensino, nos leva a buscar a melhor maneira de atingir um determinado fim, visando o aperfeiçoamento moral e político dos praticantes da ação (agente — professor e paciente — aluno), mediante o manejo de conhecimentos gerais. Aqui entendemos moral e político no seu sentido mais amplo, encarando o homem na plenitude de seu questionamento interno e externo, como indivíduo ou como membro de um grupo social. Mas justamente o enfoque múltiplo da ação, como discriminamos aqui, caracteriza o relacionamento dialético entre teoria e prática, como conceitua Jürgen Habermas em sua importante obra filosófica [24].

Colocamos como ponto focal de nossas discussão o conceito de *ação*, como o mecanismo próprio de nossa espécie para modificar a realidade no seu sentido mais amplo, seja realidade social e material, na qual estamos inequivocamente inseridos, seja a realidade psíquica, resultante de inúmeros fatores ainda insuficientemente identificados no estado atual de nossos conhecimentos científicos. Embora distinguindo uma ação modificadora da realidade social e material de uma ação puramente cognitiva, não erraremos ao considerar ação, no seu sentido amplo, como a estratégia própria de nossa espécie para impactar a realidade. Assim, o colher um fruto ou o construir um açude ou o enviar uma carta a alguém são ações, assim como é ação o puro meditar — tornando-se alegre ou triste — sobre a carta recebida, ou o observar o açude — e criar expectativas sobre o mesmo ou crer que o mundo tem muita água, ou saborear o fruto — reconhecendo-o como caju ou como uva. A relação entre uma ação puramente cognitiva — por exemplo, aprendizagem, pensar — e uma ação modificadora da realidade — por exemplo, praticar o que aprendemos, o saber — é uma relação dialética permanente. Aí reside a diferença essencial da aprendizagem da linguagem e do ler-escrever, da aprendizagem do contar e da aritmética.

É no processo de unir a realidade à ação que se insere o indivíduo, claramente distinguido das demais espécies animais pelo fato de sua ação ser sempre o resultado de uma relação dialética teoria-prática [18].

Os esforços na direção de "mecanizar" ações, no sentido de se provocar uma reação instantânea e padrão a estímulos padronizados

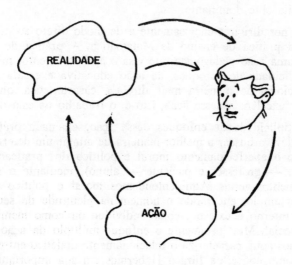

Figura 1

são nada mais que a ativação, muito rápida, da relação teoria-prática. Mais ou menos rápida, conforme os estímulos que são extremamente difíceis, quase impossíveis, de se identificar. Nesse enfoque vemos alguns dos erros fundamentais do ensino, chamado tradicional, da Matemática. Sem dúvida, com muitos defeitos e exageros, a chamada Matemática Moderna visava exatamente corrigir esse erro. O que hoje começa a se caracterizar como um movimento de retorno ao tradicional (*back to basics*) representa um considerável retrocesso com relação aos conhecimentos que hoje são disponíveis sobre a relação mente-corpo ou sobre a análise que resulta da moderna crítica de nossos sistemas socioeconômicos e mesmo de uma procura de uma nova ordem social mais justa.

Vamos elaborar um pouco sobre o processo de unir a realidade à ação e sobre o papel da escola, como estratégia de aprendizagem-ensino nesse processo.

A conceituação de ação é um problema filosófico de natureza extremamente complexa. Depende basicamente, como mencionamos acima, de nosso conhecimento do mecanismo mente-corpo, de uma conceituação de criatividade e dos fatores que determinam esse ato tão característico do ser humano, que é criar. Naturalmente, isso nos leva a considerar alguns elementos determinantes do ato de criar, quais sejam fatores sociais e fatores culturais, necessidades e vontades [14]. Os inúmeros outros fatores como que convergem nos determinantes sociais e culturais. Seria um erro crasso falar em educação matemática desprezando ou evitando ou contornando essas discussões.

O estado atual, ainda muito pobre, do nosso conhecimento, de nossa análise, de nossa crítica sobre os determinantes socioculturais na educação matemática, talvez seja uma das causas fundamentais dos resultados desastrosos, diria mesmo negativos, do ensino de Matemática. Não só o rendimento é baixo, como muitas vezes é perturbador do equilíbrio psicoemocional dos sujeitos envolvidos. Estranhamente, baixo rendimento e desequilíbrio psicoemocional não estão intimamente associados. Inúmeros casos são constatados de alto rendimento associado ao desequilíbrio psicoemocional, manifestado sobretudo em alienação e ausência de crítica. Em outros termos, a criatividade comportamentalizada, absorvendo, numa única direção, todo o potencial criativo do indivíduo pode ter um efeito negativo (ver a esse respeito [32]). Na ação pedagógica outros fatores intervêm, também resultantes de estados psicoemocionais que encontram, na educação matemática, um campo extremamente fértil para se manifestar, embora não exclusivamente [37]. Assim, não é de se admirar a importância que é dada, desde os primórdios de nossa civilização,

39

à Matemática e à sua posição privilegiada em todos os sistemas educacionais de que se tem notícia.

Em especial deve-se destacar, agora levando as considerações ao âmbito sociocultural, o difícil problema de transmissão intercultural. Aí, mais uma vez vemos a Matemática em situação privilegiada. Não vamos entrar em discussões sobre por que a Matemática se encontra na base de todo avanço científico e tecnológico. É relativamente fácil constatar, através da análise histórica da Matemática, seu papel essencial no chamado progresso tecnológico que determinou e determina o desequilíbrio entre nações, que possibilitou e possibilita conquista e colonização, que causou e causa domínio de uma classe social por outra. A análise de Sohn-Rethel em [42] é elucidativa. Mas mesmo sem elaborar sobre os porquês ou mesmo se efetivamente a Matemática ocupa essa posição basilar na ordem social internacional, o problema de pura transmissão intercultural da Matemática é da maior importância. Como mencionamos no início, fala-se de matemática grega, de matemática hindu, e de outras matemáticas. No entanto, destaca-se também e identifica-se facilmente, uma Matemática universal, independentemente de fatores como língua, geografias ou economias. Diz-se que a Matemática de ricos e pobres é a mesma! Aí talvez resida o ponto mais vulnerável da educação matemática como praticada hoje. O problema dificílimo, da transmissão cultural, leva-nos a crer mais e mais numa Matemática diferenciada pelo seu contexto sociocultural. Surge então o problema do currículo.

Já muito se tem falado que o currículo é função do momento social em que ele está inserido. Destacamos um conceito de currículo em que os seus componentes básicos, objetivos, conteúdos e métodos aparecem solidários, como coordenadas num ponto do espaço, e não independentemente como componentes isoladas. Assim, ao se falar em novos objetivos, naturalmente estão implícitos novos conteúdos e novas metodologias modificados solidariamente, como na imagem de um ponto no espaço. (Ver figura 2.)

Alguns estranham que no nosso modelo de currículo não esteja implícita a coordenada avaliação. Na verdade, fundamentamos a conceituação de currículo no conceito de ação. Mais uma vez, recorrendo a Jürgen Habermas, e essa conceituação já se encontra em Hobbes, a ação é interpretada como a consecução resultante da escolha da melhor maneira de se atingir um determinado fim, visando o aperfeiçoamento moral e político e mediante o manejo de conhecimentos adequados, de natureza muito geral. Aí encontramos apoio nos componentes do *techné*, práxis e *epistemê* sobre os quais J. Habermas faz repousar seu tratamento da relação dialética entre teoria e prática. De maneira muito natural derivamos do *techné*, práxis e *epistemê* os conceitos de métodos, objetivos e conteúdos, mas de forma soli-

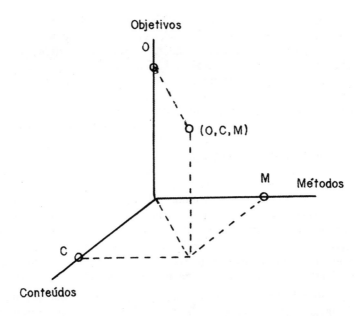

Figura 2

dária, e aí reside a essência da nossa conceituação de currículo, que possibilita a ação, especificamente no caso de currículo, a ação pedagógica. Na prática de educação matemática, isto se refere naturalmente à incorporação, em todas as disciplinas e de maneira permanente, da componente crítica, levando-nos a questionar a cada instante a nossa prática e os métodos utilizados. Isto fica mais evidente se atentarmos um pouco mais ao conceito de transmissão cultural, a que já nos referimos acima (ver também [8]). O conceito de cultura é muito amplo e inclui a aglomeração de atitudes e interesses próprios de uma faixa etária, de um grupo sociocultural específico. Esses são claramente grupos culturalmente diferenciados, e como tal estão sujeitos a todas as peculiaridades que se aplicam à educação nesse caso, (ver [13]), e daí exigem a criação da flexibilidade curricular adequada. No caso específico da educação matemática, não vemos outra alternativa além de se incorporar aos programas aquilo que chamamos *etnomatemática*. Embora raramente considerada como parte integrante da matemática escolar, parece-me residir aí o busílis. Se atentarmos às primeiras referências à educação matemática, como por exemplo em Platão ou na própria Idade Média, onde se teceu a ciência moderna, ali se encontra etnomatemática (ver [3] por exemplo).

41

A incorporação de etnomatemática à prática de educação matemática exige, naturalmente, a liberação de alguns preconceitos sobre a própria Matemática. O que é Matemática, o que é rigor, o que é uma demonstração, o que é aceitável. Caímos assim numa discussão sem a qual a educação matemática dificilmente encontrará o campo adequado para se revitalizar. Essa discussão é de natureza histórico--epistemológica, lamentavelmente ausente na quase totalidade dos enfoques à educação matemática. Repousando num alicerce aparentemente sólido, que é a Matemática como ciência, a educação matemática tem refletido essa solidez, em alguns casos de forma pedante e refletindo o que ficou desde a antiguidade greco-romana; o selecionador das melhores mentes. Até o ponto de ser a Matemática, como disciplina escolar, a maior responsável pela deserção escolar, por inúmeras frustrações e em última instância pela manutenção de uma estratificação social inaceitável, ou pelo menos injusta. Mas os marginalizados pelos processos de avaliação não são, obstante, praticantes de matemática no seu dia-a-dia. São matematicamente funcionais, ou melhor dizendo, etnomatematicamente funcionais.

A crítica histórico-epistemológica, por exemplo, como é feita por P. J. Davis e R. Hersh em [19], seria fundamental no importante processo de treinamento de professores. Possibilitaria um reconhecimento de que a Matemática é, efetivamente, uma disciplina dinâmica e viva e reage, como qualquer manifestação cultural, a fatos socioculturais e, por conseguinte, econômicos. Voltaremos a isso no Capítulo 5.

Dificilmente se chegará a uma melhoria da educação matemática sem: 1.º — conceituar melhoria; 2.º — reconhecer que o processo aprendizagem-ensino é, na sua essência, apenas aprendizagem.

Vamos elaborar um pouco mais sobre a conceituação de currículo como resultado da reflexão sobre teoria e prática na educação matemática.

Os recentes avanços nas teorias de aprendizagem, resultantes sobretudo do estudo das modernas teorias cognitivas e da relação corpo-mente, e pelo aparecimento de novas tecnologias aplicadas à educação, bem como os progressos recentes da Matemática e das demais ciências, num relacionamento cada vez mais íntimo, provocam profundas alterações no ensino das Ciências e da Matemática. Acrescenta-se a isso o fator extremamente importante de profundas mudanças sociais estarem afetando o sistema escolar, mudanças essas que se sintetizam no objetivo de levar a oportunidade de educação a toda a população, oferecendo escola para todos os níveis sociais e procurando, em todas as faixas econômicas, atender de maneira homogênea as expectativas e aspirações da sociedade. Naturalmente, isso representa uma profunda mudança em relação ao ensino dirigido a poucos privilegiados, de uma classe social favorecida e com condições econômicas adequadas. Agora a oportunidade de educação é oferecida a toda população, o que leva para a escola um grande número de alunos que são a primeira geração de suas famílias com oportunidade de escolaridade ampla, e que representam não somente esperança de melhores oportunidades de emprego, mas, poderíamos dizer, sobretudo esperança de um *status* social mais adequado. Tudo isso reflete de maneira natural e profunda no ensino das Ciências e da Matemática, ocasionando uma reformulação de teorias que regem esse ensino e provocando tendências até certo ponto radicais com relação a orientações anteriores.

Muitas vezes essas tendências são mal compreendidas e interpretadas, provocando pouco aproveitamento dos reais benefícios que podem resultar de teorias adequadas ao momento e às novas condições socioeconômicas. Naturalmente, o valor da teoria se revela no momento em que ela é transformada em prática. No caso de educação, as teorias se justificam na medida em que seu efeito se faça sentir na condução do dia-a-dia na sala de aula. De outra maneira, a teoria não passará de tal, pois não poderá ser legitimada na prática educativa. Vamos procurar conduzir este trabalho estabelecendo a ponte entre as teorias recentes e as tendências que se fazem notar em educação científica e matemática e medidas para sua efetiva implementação na prática docente ou no dia-a-dia da escola. O assunto é por demais vasto para ser tratado no âmbito de um artigo, e a fim de evitar dispersão de esforços dos vários grupos que estarão interessados nesses temas, limitaremos esses estudos a alguns pontos que parecem de importância mais imediata.

Um dos pontos que discutiremos se refere à solução de problemas como estratégia de ensino-aprendizagem, em particular ao ensino da Matemática. Solução de problemas é algo que nada representa de muito novo se encarado no contexto tradicional dos problemas-tipo, que dominavam o ensino nas primeiras séries do curso ginasial e as últimas séries do curso primário há cerca de 30 ou 40 anos, no período de pré-modernização do ensino de Matemática que ocorreu no início dos anos 60. Essas séries correspondiam aproximadamente às 4.ªs, 5.ªs, e 6.ªs séries do atual primeiro grau. Problemas têm sido apontados como uma das partes de educação matemática que foram perdidas com a introdução da chamada Matemática Moderna. É comum ouvir-se as gerações mais velhas dizendo: "No meu tempo os alunos eram capazes de fazer um problema simples de compra de supermercado e hoje perderam essa capacidade." Em primeiro lugar, é importante que não se esqueçam que alguns alunos, aqueles que freqüentavam escola, eram efetivamente capazes de fazer alguns

43

problemas para os quais eles eram especialmente treinados, mas que no contexto de sua formação representavam nada mais que um processo dinâmico. Em outras palavras, a passagem do conhecimento mecânico de efetuar operações ou manipular algoritmos para a efetiva utilização desses algoritmos em situações de contextos diversos, tais como problemas, era feita ou pode ser obtida mediante um mecanismo de estilo algorítmico, que é próximo ao que chamaríamos de problemas-tipo. No entanto, o ponto que me parece de fundamental importância e que representa o verdadeiro espírito da Matemática é a capacidade de modelar situações reais, codificá-las adequadamente, de maneira a permitir a utilização das técnicas e resultados conhecidos em um outro contexto, novo. Isto é, a transferência de aprendizado resultante de uma certa situação para uma situação nova é um ponto crucial do que se poderia chamar aprendizado da Matemática, e talvez o objetivo maior do seu ensino.

Para definir uma estratégia para o trabalho em sala de aula devemos considerar os elementos em jogo neste contexto, isto é, o professor na qualidade de agente de um processo e o aluno na qualidade de paciente do processo, isto é, o professor aquele que orienta a prática docente e o aluno aquele que se submete a essa prática orientada pelo professor. A estratégia adotada para a condução dessa relação é o currículo. Devo esclarecer que não estamos entrando num julgamento de valor, se realmente esse jogo, poderíamos dizer o jogo pedagógico, é o ideal. Mas vamos simplesmente admitir que ele é, e muito provavelmente continuará por muito tempo a ser, o modelo dos nossos sistemas escolares. Insisto no fato de esse modelo poder e dever ser questionado. Utopicamente poderíamos obter um novo relacionamento aluno-professor, uma nova dinâmica escolar, onde o conceito de agente e paciente fossem profundamente alterados. No entanto, estamos encaminhando esse artigo no sentido de se propor medidas para melhorar a prática educativa atual, e assim sendo temos que nos bitolar pelos parâmetros ditados pelos modelos vigentes.

Vamos procurar dentro do relacionamento da sala de aula, onde o professor é o agente do processo e o aluno o paciente, examinar de que maneira a estratégia que é dada pelo currículo pode ser aperfeiçoada.

A conceituação de currículo é relativamente recente e um dos modelos correntes apresenta o currículo com quatro componentes: objetivo, conteúdo, métodos e avaliação. Estamos, no entanto, propondo um modelo curricular alternativo, de natureza holística e que trabalha apenas com três componentes, solidárias, de uma maneira muito semelhante àquela em que estão as coordenadas no sistema cartesiano tridimensional, isto é, os componentes, *objetivos, conteúdos e métodos*, que aparecem em nosso modelo como coordenadas em um espaço cartesiano tridimensional, e que resultam essencialmente de uma análise do conceito de ação. Isso quer dizer que o momento curricular, que seria um ponto no nosso modelo, só é definido quando são atribuídos a ele as três coordenadas: objetivos, conteúdo e método.

Qualquer alteração de currículo, à semelhança do que ocorreria ao se deslocar um ponto no espaço, implica em novas coordenadas. Isto é, novos objetivos, novos conteúdos e novos métodos. De tal maneira que as três coordenadas estão solidariamente integradas na definição do currículo. Em outros termos, não é possível considerar isoladamente cada uma dessas coordenadas. Cada vez que fatores socioculturais e econômicos sugerem uma (re)definição de objetivos, associada a isto deverá haver uma sensível mudança no conteúdo a ser tratado, bem como na metodologia para se conduzir esse conteúdo. Igualmente, qualquer mudança de conteúdo como por exemplo, aquela respondendo ao movimento chamado Matemática Moderna, implica necessariamente numa adequação da metodologia a ser empregada e certamente atingirá outros objetivos, adequados a esses novos conteúdos e à nova metodologia adotada. Igualmente, o aparecimento e a introdução de uma nova metodologia de ensino certamente fará com que conteúdos devam ser revistos, bem como os objetivos a serem atingidos. Isso fica perfeitamente evidente quando se pensa na transição do chamado ensino tradicional de Matemática para aquilo que ficou conhecido como Matemática Moderna. Igualmente, poderíamos nos referir aos vários projetos de reforma curricular em Ciências (PSSC, BSCS etc.). Objetivos foram revistos e, em função dessa revisão, resultante de uma grande mudança do conceito de escolaridade, forçada por pressões sociais e políticas, no caso a necessidade de melhor equipar jovens dos países desenvolvidos para um processo de industrialização e alta tecnologia muito rápido (necessidade alertada pelo lançamento do Sputnik pelos soviéticos), ocorreu a procura de uma metodologia adequada, e verificou-se aí a rejeição de alguns dos métodos tradicionais de ensino, que de maneira alguma poderiam funcionar com os conteúdos típicos dos currículos inovados de Ciência e de Matemática Moderna [16]. Ainda mais flagrante é essa interdependência de objetivos, conteúdos e métodos como componentes solidários do conceito de currículo, quando se analisam as conseqüências do aparecimento inevitável e já indiscutível das calculadoras e computadores no ensino. Sem dúvida, o simples fato de ser utilizada uma calculadora na prática educativa, fará com que conteúdos tradicionais devam ser repensados, muitos deles abandonados e outros, que são até certo ponto ignorados nos cursos de Ciências e de Matemática, passarão a ter papel preponderante. Da mesma maneira, os objetivos a serem atingidos pelo ensino de Ciências e de Matemática serão profundamente modificados por essa nova metodologia.

Do ponto de vista prático, as conseqüências disso na sala de aula são de profunda importância. Dificilmente poderá a prática pedagógica atingir a eficiência desejada se, ao considerar ou ao iniciar uma aula e ao prepará-la, o professor não fizer um exame do objetivo que pretende atingir durante aquela hora em que os alunos estão a ele confiados, e qual o método que será empregado para conduzir a prática pedagógica nesses 50 minutos de interação professor-classe. O simples desfiar de um conteúdo não permitirá dar à prática pedagógica a dinâmica adequada para que se possa dizer que o processo ensino-aprendizagem realizou-se plenamente.

Naturalmente, ao se considerar de forma integrada conteúdos, objetivos e métodos, considerações de natureza sociocultural estarão permanentemente em jogo. É aí que é fundamental a capacidade do professor de reconhecer no aluno um determinante na definição dos objetivos daquela prática pedagógica. Em termos bem simples, o professor deve ouvir mais, o aluno tem muito a dizer sobre suas expectativas, que no fundo refletem as expectativas de toda uma geração e traduzem as expectativas de seus pais. Embora haja dificuldade do aluno em se expressar com relação a essas expectativas, cabe ao professor reconhecer aí os grandes motivadores da presença do aluno na escola. Escolher conteúdos que satisfaçam essas expectativas e naturalmente utilizar os métodos mais convenientes para conduzir a prática com relação a esses objetivos e os conteúdos adequados é o grande desafio do professor. Isso implica naturalmente numa menor rigidez na estruturação dos programas. Idealmente o programa seria aberto. Naturalmente, um programa aberto, que seria definido à medida que a prática pedagógica fosse se desenvolvendo, acarretaria numerosas dificuldades de ordem prática. Procurar o meio termo entre um programa definido previamente à prática pedagógica e um programa aberto talvez seja o maior desafio que encontramos na melhoria do ensino de Ciências e Matemática em nossos dias.

CAPÍTULO 4

Em Busca de uma Teoria de Cultura

Neste capítulo vamos procurar elucidar o relacionamento do ensino de Matemática com o processo de desenvolvimento baseando-nos numa conceituação de cultura que resulta de uma análise da dinâmica de comportamento.

Basearemos nossa argumentação numa hierarquia comportamental que nos leva do comportamento individual, e portanto da aprendizagem, da aquisição de conhecimentos e de estratégias para ação, ao comportamento social, que dá origem aos processos educacionais, para finalmente gerar o contexto de comportamento cultural, incluindo os processos de transmissão cultural e de exposição mútua de culturas diversas, objeto dos estudos de dinâmica cultural. Aí se situa a transferência de tecnologia, um dos pontos cruciais na análise do processo de desenvolvimento.

Preliminarmente, estaremos interessados em entender o processo de aprendizagem, aquisição de conhecimentos e de estratégias para ação, que é em si uma hierarquização de comportamentos.

Inicialmente, considera-se o comportamento individual, que implicitamente contém os processos de aprendizagem e em particular o de aquisição de linguagem. A partir daí somos levados ao comportamento social que se desenvolve e evolui dentro do chamado processo educacional. Com isso, o comportamento social se complexifica, gerando o fenômeno cultural. É de fundamental importância para nós o comportamento cultural, que dá origem por um lado às artes e às técnicas como manifestações do fazer, incorporando à realidade artefatos e, por outro lado, as idéias, tais como religião, valores, filosofias, ideologias e ciência como manifestações do saber, que se incorporam à realidade na forma de "mentefatos". São essas formas que se incorporam à realidade, os artefatos e os mentefatos que resultam da ação, e que ao se incorporarem à realidade, vêm modificá-la. Aí se situa a tecnologia, como síntese de artefatos e de mentefatos. Isto é, a tecno-

47

logia representa a fusão do fazer com o saber, acrescentando à realidade formas que, associadas ao material, incluem o comportamento ideológico.

Esquematicamente, a hierarquização de comportamentos e os processos correspondentes estão no quadro:

COMPORTAMENTO	PROCESSO
Individual	
	Aprendizagem, linguagem
Social	
	Educação
Cultural	
	Arte técnica, idéias, (religião, ciência) tecnologia

Vamos examinar com mais detalhes cada passo da hierarquização e os processos correspondentes, bem como a dinâmica de sua evolução.

Inicialmente, discutiremos o processo de aprendizagem, como algo que cria um contexto onde se dá a interação de um programa genético, com o ambiente, conceituando assim o desenvolvimento ou evolução intelectual. A mente segue caminhos paralelos e interligados de interação com o ambiente, com uma realidade que ela vai reconhecendo e analisando, e vai elaborando movimentos intencionais, conceitos de significado e causalidade, espaço, tempo, imitação e jogo. Sua conceituação de realidade muda passo a passo, e a criança, inicialmente reagindo apenas aos reflexos, vai incorporando o sensual aos seus processos de decisão e à sua ação, passando do comportamento individual ao comportamento social. Da ação que resulta puramente de sua percepção de situações e objetos no seu universo egocêntrico, a criança, mediante reflexão sobre essa mesma ação, renova sua ação com toda a informação que os mecanismos elaborados, como o complexo sensual-emocional e de memória se combinam. Essa ação vai modificar a realidade, pela adição, pelo acréscimo a essa realidade, de fatos — artefatos — e "mentefatos", isto é, ele produz objetos, coisas e idéias, valores. Essa modificação da realidade pela ação do indivíduo provoca imediatamente nova reflexão, novo comportamento, nova interação com informação já memorizada e informação recém-adquirida pelo mecanismos sensuais, e nova ação, com imediato efeito na realidade ainda pelo acréscimo de novos fatos. É o indivíduo como *feitor* da realidade pelo adicionamento de seus fatos, é o indivíduo

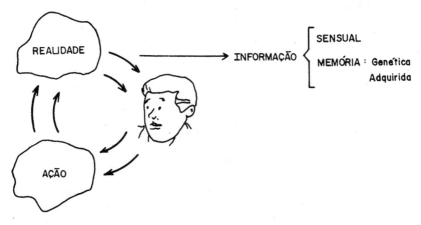

Figura 3

elevado a *criador*. É o criador, adicionando artes, coisas, objetos, peças, é o criador cientista, pensador, acrescentando idéias, teorias, valores, interpretações, é o criador total modificando a realidade conforme ela melhor se ajuste a certas formas de ação que lhe são próprias ([18], p. 33).

Verificamos então que aprendizagem é uma relação dialética reflexão-ação, cujo resultado é um permanente modificar da realidade. É nesse ciclo realidade-reflexão-ação-realidade, que reside o busílis na nossa busca de desvendar comportamento individual, comportamento social e comportamento cultural.

Encontramos assim um modelo de hierarquização de níveis de comportamento. É o comportamento individual, egocêntrico, dominado por reflexos, que se transforma no comportamento social, é a percepção de outros e de comportamentos de outros, é a reflexão do indivíduo sobre sua própria ação. Fatos — primeiro apenas artefatos e depois mentefatos — são primeiro percebidos como entidades únicas, e depois como membros de grupos que serão classificados através de símbolos, sinais, nomes e códigos. E a análise de conseqüências, efeito da ação se faz como parte da estratégia de ação. O indivíduo cria modelos que lhe permitirão elaborar estratégias de ação, na qual se incorpora todo um complexo de informação teleológica, de natureza

49

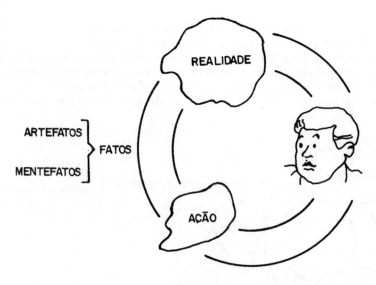

Figura 4

ainda pouco explicada nos processos de comportamento, e que permitirão ao sujeito moldar a realidade pelo seu ato criativo.

Possivelmente, elucidar o fator teleológico, talvez seja, no momento, o maior desafio na análise de comportamento em todos os níveis de hierarquização. Algumas tendências de uma interpretação neodarwinista da dinâmica do comportamento poderiam conduzir a essa elucidação, como é indicado pela corrente sociobiologista de explicação do fenômeno cultural. Ver [8] e [29].

São menos complexos aqueles modelos que possibilitam uma estratégia de ação material. São modelos de criação de formas materiais — por exemplo arte, tecnologia — e que implicam numa utilização de recursos materiais e de habilidades. Uma forma de educação baseada no manejo dessas habilidades parece ter sido dominante em alguns setores. Na maioria dos casos, essa forma distorcida, sobretudo por uma percepção parcial e estreita da visão piagetiana de comportamento, produz resultados altamente negativos. Refiro-me, em particular, às profundas distorções que resultaram na chamada Matemática Moderna, que se fez em grande parte como uma aplicação apressada e distorcida das teorias de Piaget ao currículo. Currículo em educação é uma modificação do conceito de ação como elemento básico da dialética reflexão-ação, o que lamentavelmente não foi entendido pelos chamados "curriculistas". Mas isto é uma outra história.

Voltemos aos modelos. Piaget tem uma visão global do processo de comportamento. Seu enfoque ao comportamento, já na sua fase do socializável, nos leva a modelos construídos pelo sujeito como estratégia de ação, ação essa que resulta necessariamente numa modificação da realidade através de acrescentar a ela artefatos e "mentefatos". A introdução de uma codificação que permite modelar e transmitir modelos aos seus semelhantes é um processo resultante de uma ação onde artefatos e mentefatos se combinam em signos, é a função semiótica que se manifesta, e que se repete em cada construção de um modelo, como por exemplo a linguagem e a matemática. Como bem enfatiza Piaget, "as condições da linguagem fazem parte de um conjunto mais amplo, preparado pelos diferentes estágios da inteligência motora" ([39], p. 124). Ora, a criança é o sujeito das pesquisas de Piaget, não como criança, mas pelo fato de estar se tornando um adulto, e é esse aspecto da teoria da Piaget, isto é, a evolução do comportamento, que nos permite algumas conclusões epistemológicas. Voltando, portanto, aos modelos, procurando explicá-los como estratégias de ação na fase já socializável do conhecimento, isto é, possibilitando a utilização de outros modelos, acumulados na forma de conhecimento tradicional compartilhado pelo grupo social ou mesmo cultural, na aprendizagem é essencial que seja preservada a dinâmica da modelagem, mais que o modelo em si. O estado puro e simples de modelos é condicionante e elimina a dialética reflexão-ação, que caracteriza a aprendizagem. O modelo em si, estático, não necessita ser aprendido. Ele é utilizável e nessa ação de utilizá-lo, ele é recriado. Na verdade, essa recriação é. como tudo, resultado da percepção da realidade, como discutimos no início, através de um complexo mecanismo de informação que vai do genético ao sensual-emocional. Essa recriação de modelos pelo sujeito, que pode utilizar outros modelos que já foram incorporados à sua realidade, e que é a essência do processo criativo, deveria constituir o ponto focal dos sistemas educativos. Se necessária for a existência de escolas, sua ação seria essencialmente proporcionar ambiente para que a realidade, na qual está imersa a criança na chamada experiência escolar, lhe permita vivenciar, conhecer modelos que serão por elas utilizados na criação de seus próprios modelos. Estamos próximos à proposta de Seymour-Papert [38] nesse ponto.

    Mesmo sem se reformar totalmente o sistema escolar, nos esquemas atuais é possível a adoção no sentido de se destacar a *modelagem* como o passo essencial na aprendizagem [10].

    Na hierarquização comportamental, passando do comportamento individual ao comportamento social, somos levados naturalmente ao conceito de escola. Indivíduos se ajustam em seu comportamento de modo a beneficiar-se mutuamente de experiências de outros, de utilizar modelos já criados para recriá-los através de novos modelos que permitam definir estratégias para ação.

    A terceira etapa na hierarquização de comportamentos é a cultural, caracterizada sobretudo pelo fato de experiências já vivenciadas, de modelos já criados, serem incorporados ao conjunto de informações que determinará, como um componente importantíssimo, a percepção

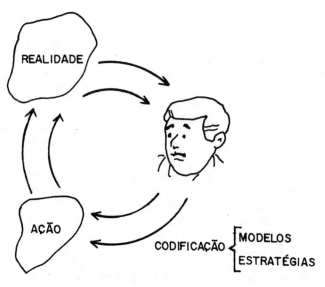

Figura 5

que um indivíduo tem da realidade, a maneira como esta o impacta. A própria geração de fatos culturais é extremamente complexa e quer-nos parecer que o modelo que propomos para comportamento individual, isto é, baseado no ciclo realidade-reflexão-ação-realidade, é perfeitamente adaptado à explicação do comportamento cultural, como discutidos em [8] e em [38].

A reflexão, que é exercida por indivíduos nos modelos de comportamento individual e social, no modelo de comportamento cultural é exercida por grupos socialmente identificados, que agora assumem o papel do sujeito. A ação desses grupos modifica a realidade através da incorporação a ela de fatos, nesse caso além de artefatos e mentefatos, também os fatos históricos ou eventos. A interpretação dos artefatos é objeto da história da arte e da ciência, num sentido muito amplo, que inclui teorias, ciência, religiões etc., e a dos eventos, a história pura e simplesmente. O impacto da realidade sobre a sociedade se dá através de motivadores extremamente complexos, cuja natureza ainda não conhecemos adequadamente. Tentativas de explicações, através de modelos desenvolvidos à semelhança de sociobiologia, introduzindo os chamados *culturgenes* são satisfatórias. Ver [8] e [29] a esse respeito. As recentes revisões, agora de maneira mais global, da obra de J. B. de Lamarck, nos indicam uma possível teoria de evolução cultural em muito mais íntima associação com a evolução biológica. Os sistemas de informação que impactam a sociedade são ainda pouco esclarecidos no que se refere ao que seria o substrato desse impacto.

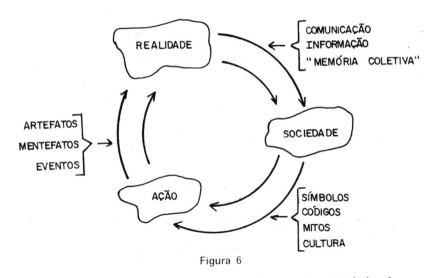

Figura 6

Também pouco esclarecida é a maneira como as sociedades desenvolvem estratégias de ação. Os movimentos sociais que conduzem aos fatos (artefatos, mentefatos e eventos) que modificam a realidade constituem ainda um grande desafio. Os avanços da antropologia cultural parecem indicar um possível desenvolvimento na explicação do fenômeno de dinâmica cultural, em particular das estratégias sociais para ação. Particularmente atrativo é o enfoque de Gregory Bateson sobre a dinâmica cultural [5].

Este esboço de uma teoria unificada de comportamento individual, social e cultural nos permite situar a tecnologia no contexto de formas que resultam de ação modificadora da realidade, e que se situam na fusão de artefatos e mentefatos. Isto é, artefatos carregados do componente cultural mental onde estão a ciência, os valores, a ideologia, todos realizadores da ação que resulta de uma estratégia dominada por símbolos, códigos, mitos — em síntese, cultura. É nesse marco referencial que situamos o ensino de ciência como fator de geração de tecnologia carregada desses componentes que, sintetizados, chamamos cultura. A tecnologia daí resultante e assim originada minimizará o componente de disruptor cultural que caracteriza a adoção crítica de tecnologia exógena. Nesse caso, ela modifica a realidade como artefatos, e o que é mais grave, como mentefatos que não resultam de uma ação refletida, impulsionada pela realidade. É a inserção do componente tecnologia no processo de comportamento individual, social e cultural vindo por caminho que não se origina na própria realidade em que operamos. Esquematicamente, ver a figura 7.

É esse tipo de destruição de comportamento cultural que queremos e devemos evitar, e a educação científica, com fortes bases culturais, parece-nos uma opção adequada.

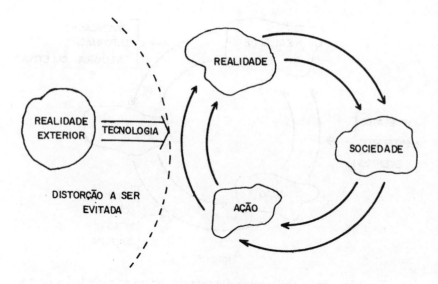

Figura 7

CAPÍTULO 5

Matemática para Países Ricos e Países Pobres: Semelhanças e Diferenças

O tópico tratado neste capítulo é de tal maneira global e abrangente, toca um número tal de pontos e tem implicações tão profundas, tanto do ponto de vista educacional como social e político que não poderemos fazer mais do que uma iniciação ao tema. Esperamos que isto provoque mais pesquisa e reflexão e que se torne um tema de atualidade em Educação Matemática e política científica, tanto nos países em desenvolvimento quanto naqueles considerados já desenvolvidos.

Ao examinar o tema, a primeira observação que nos vem à mente não se refere ao componente matemático envolvido, mas aos adjetivos conflitantes *rico* e *pobre*. Onde está a diferença? Que tipo de parâmetros usamos para classificar países em ricos e pobres? É sempre uma boa prática olhar nos dicionários o que eles dizem sobre um conceito, o que dá a idéia — que tem o não especialista — sobre o assunto, isto é, a visão comum do mesmo. O *7th Webster's Collegiate Dictionary* define *pobre* como "carente de possessão material" enquanto *rico* é quem "possui ou controla grandes bens". O nosso *Novo Dicionário* (Aurélio) é mais incisivo e define *pobre* como "o que não tem o necessário à vida" e *rico* como "que possui muitos bens ou coisas de valor, que tem riquezas". Em ambos, o conceito é dominado pela posse material, e as duas qualidades são complementares. Nós poderíamos mesmo extrapolar dizendo que controlar pobres é um parâmetro de riqueza. Haveria ricos sem pobres? Ao mesmo tempo que examinamos dicionários, que refletem a opinião erudita, é também instrutivo analisar a concepção popular dessa classificação. Algumas opiniões, maneiras de falar, músicas, contos populares, nos trazem à memória frases assim: "a riqueza do pobre são seus filhos", o que mais uma vez nos traz à mente a associação de riqueza com controle ou mesmo posse de pessoas. Na verdade, o pobre é rico com respeito à sua prole porque ele tem controle sobre concebê-los e criá-los. De fato, aqui reside um dos muitos fatores que tornam qualquer medida de controle de

55

natalidade em países pobres um absurdo. Uma outra observação que deriva de observar o linguajar e as tradições populares é a forma de o povo se dirigir ao rico, ao bem vestido, chamando-o de *doutor*, o que traz à nossa reflexão uma associação entre riqueza e conhecimento. Assim, por associação de idéias vemos uma correlação entre riqueza, conhecimento e controle ou poder.

Não vamos discutir porque há indivíduos ricos e pobres porque há países ricos e pobres. Será isto parte integrada no processo civilizatório ocidental? Como começou? Claramente, a história nos mostra que o crescimento dos muitos, hoje considerados ricos, países mesmo se internamente a distinção entre ricos e pobres foi abrandada por medidas socializantes, coincide com a exploração do que é hoje chamado Terceiro Mundo e sabemos que a situação econômica corrente coloca esses países do Terceiro Mundo como devedores crescentes, ou, de acordo com o dicionário de Webster, "culpados de negligência ou isolamento do dever". E naturalmente os "doutores" mantêm-nos relembrando que um dos círculos do Inferno está reservado para os devedores, garantindo nossa punição eterna, ou se não estivermos tão preocupados com a vida eterna, a pena mais imediata de cancelamento de créditos e — o que é de efeito ainda mais imediato — cancelamento de todos os pedidos de compra de produtos nossos, que aliás aprendemos a produzir especialmente conforme o gosto e a necessidade desses mesmos países credores. Se não vendermos para eles, não nos servirá de coisa alguma. E ainda provocando algumas guerras entre os países do Terceiro Mundo, criando artificialmente a necessidade de nos defendermos de nós mesmos, um mercado certo para sua produção de armamentos está garantido. E assim vai a História...

Mas, muitos estarão perguntando, este capítulo não seria sobre Matemática?

O tema do capítulo é suficientemente provocativo para estimular estes questionamentos preliminares para a discussão principal, que em linhas gerais tem a ver com a mentalidade de ciência, em particular de Matemática. Esta questão pode ser reformulada da seguinte maneira: há alguma ideologia implícita na Matemática? Isto é, no assim chamado raciocínio matemático? Não nos esqueçamos que Pitágoras dizia: "Números regem o universo." Na verdade, o projeto ocidental começou pela fusão do pensamento grego e judaico, e a ciência ocidental e seu mais importante produto, a tecnologia, são resultantes desta fusão. Elas estão implícitas no que podemos chamar o modo de pensamento ocidental (ver [14]). Parafraseando o título de um importante livro de Jürgen Habermas, estaríamos enganando a nós mesmos não examinando a Ciência e a Tecnologia como ideologia (ver [4]). E seria ainda mais ingênuo de nossa parte não reconhecer na educação uma importante componente ideológica (ver [2] e [1]).

Falando sobre Matemática, e em particular Educação Matemática, as considerações acima são o cenário subjacente no qual podemos tentar discutir a difícil questão das diferenças e similaridades da Matemática para o pobre e para o rico.

Temos que admitir, se não por outra razão, apenas de um ponto de vista prático, que falamos sobre a mesma Matemática por toda a parte do mundo, com a mesma notação, as mesmas definições e as mesmas teorias, com algumas exceções, no nível muito elementar. Neste nível, reconhecemos a existência de práticas matemáticas que diferem essencialmente de um grupo cultural para outro. Neste nível, a Matemática se aproxima de uma variante da língua comum, associada ao conceito de codificação de práticas populares e necessidades diárias e os usos de aptidão numérica. Na verdade, enquanto o analfabetismo é detectado muito freqüentemente no mundo não desenvolvido, "não aptidão numérica" é muito rara, quase tão rara quanto a incapacidade de comunicação falada. Tão dissimulado quanto o analfabetismo, que se tornou desde a conquista e colonização a principal base lógica para a dominação — (ver [14]), "não aptidão numérica" serve como a principal barreira para oportunidades profissionais. Na verdade, podemos dizer que "não aptidão numérica" é mais difícil do que analfabetismo. Vamos discutir um pouco mais esse tema.

Analfabetismo significa inaptidão para ler ou escrever e se refere a uma língua que é, de várias maneiras, estranha, distante, para o praticante. Este distanciamento, pode ser interpretado de vários modos. A língua pode ser estrangeira, no sentido de que não é conhecida para o analfabeto mesmo em sua forma falada. Isto é verdade quando falamos sobre a língua do colonizador, mas também quando falamos sobre a língua única e oficial de um país, como por exemplo no Brasil e também em alguns países europeus e mesmo nos Estados Unidos, mas que segue normas distintas de acordo com as classes sociais. A mesma língua pode ter tais sutilezas de uso que o conceito de alfabetização deve ser interpretado de uma forma mais ampla. E finalmente, mas muito importante, temos que associar o conceito de alfabetização com a disponibilidade de material de leitura. Principalmente por razões econômicas mas muito freqüentemente também por razões político-ideológicas, a alfabetização é limitada a certos tipos de leitura, devido à censura e filtração nos sistemas de informação, que não permitem dar à alfabetização seu significado completo. Seria instrutivo analisar, deste ponto de vista, a estrutura de classe e níveis de alfabetização na História Social da China e do Japão.

Com respeito à aptidão numérica, as considerações acima mostram um diferente aspecto. Enquanto discutindo alfabetização temos que considerar o fato de que as duas línguas — a materna ou língua pátria e a língua "erudita" — coexistem, permitindo a grupos sociais comunicarem-se entre si, em se discutindo aptidão numérica a situação é completamente diferente. A aptidão numérica "erudita" elimina a assim chamada aptidão numérica "espontânea". Um indivíduo que maneja perfeitamente bem números, operações, formas e noções geométricas, quando diante de uma abordagem completamente nova e formal para esses mesmos fatos e necessidades cria um bloqueio psicológico que separa os diferentes modos de pensamento numérico e geométrico (ver [16]). Evidentemente, a comunicação social sobre esses assuntos é muito mais rara e em muitos casos envolve comunicação com indivíduos de diferentes camadas da vida social e profissional. Há uma crescente perda de utilidade para o modo tradicional de fazer aritmética e geometria, que é mantido, de várias maneiras, entre pessoas que nunca foram à escola. Uma vez indo à escola, a tendência é perder essas habilidades, e não ser capaz de substituí-las pela forma "erudita". Acrescentando, os estágios iniciais de Educação Matemática oferecem um modo muito eficiente de instilar o sentimento de fracasso, de dependência nas crianças. A comunicação social tratando de economia, preços, controle financeiro através de empréstimos e negociações salariais, taxas, construções e povoação, bem como planejamento e administração urbana, que depende unicamente de aritmética e geometria elementar, torna-se muito mais difícil. A decisão torna-se dependente dos poucos que passaram através da clivagem do sistema escolar. Não podemos evitar comparar a estratégia deliberada adotada pelos negociantes de escravos trazendo para o Novo Mundo indivíduos de diferentes grupos lingüísticos com a finalidade de dificultar comunicação e organização. A propósito, uma estratégia similar foi empregada por Mussolini, através de migração interna, em seu esforço para consolidar o fascismo na Itália.

Retornando à consideração do efeito de uma ruptura social que pode ser causada pela Educação Matemática, temos que reconhecer que mais e mais a presença tecnológica é notada em países do Terceiro Mundo, através de maquinário, fertilizantes e mesmo alimento industrializado, medicina e meios de comunicação. Todos eles dependem fortemente de competência matemática, mesmo se muito elementar, tal como compreensão de instruções, girar botões para o canal certo, comparação de preços e conteúdos de pacotes de alimentos, e assim por diante. Novamente, as competências matemáticas, que foram perdidas nos primeiros anos de escolarização são essenciais para este estágio, para a vida diária e oportunidades de trabalho. Mas na realidade elas foram perdidas. O anterior, digamos habilidades espontâneas, foi degradado, reprimido e esquecido, enquanto o que se aprendeu não foi assimilado ou por causa de uma aprendizagem bloqueada, ou por causa de evasão antecipada, ou mesmo por fracasso, e por muitas outras razões. O indivíduo é claramente "numericamente analfabeto" e depende de outros para manejar a presença crescente de matemática em sua vida diária. Ele é mais dependente do que antes de ir para a escola.

Isto não é menos verdade para tópicos mais avançados, tanto em escolas secundárias, nas universidades e em pesquisas. Começando com a escola elementar, onde uma nova estrutura formal para o que era uma maneira espontânea de lidar com assuntos numéricos e geométricos, uma lacuna entre a vida e as práticas diárias culturalmente arraigadas e as práticas escolares e modos de pensamento, começa a crescer e se aprofundar. É possível, e em alguns casos ocorre, que alguns indivíduos sejam capazes de substituir, com alguma eficácia, o anterior, maneiras espontâneas de lidar com fatos numéricos e geométricos de sua realidade, por um corpo formalmente estruturado de conhecimento e práticas matemáticas para lidar com esta realidade. Mas evidentemente essas práticas novas e formais são o resultado de um corpo desenvolvido de conhecimento matemático, originado e cultivado num outro ambiente, no contexto de uma realidade diferente, daí trazendo implícitos consigo modelos e práticas de modelagem que resultam de experiências e expectativas alienígenas. Como um resultado, o modo como o indivíduo percebe a realidade, sua realidade, começa a ser afetado por este modo de pensamento renovado, formalizado. Inevitavelmente, suas estratégias de ação, sendo uma ação puramente cognitiva como no processo de aprendizagem, ou uma ação com o objetivo imediato de modificar materialmente a realidade, serão profundamente afetadas, de um modo crescentemente alienante. Seu poder de comunicação com esta realidade começa a declinar, da mesma maneira como a sofisticação de sua linguagem erudita, a modificação de seu vocabulário e de suas maneiras dificultam sua comunicação social com indivíduos culturalmente semelhantes, com quem a comunicação era muito espontânea.

O ciclo realidade-indivíduo-ação-realidade é profundamente afetado pela modificação de sua lógica interna, que resulta da adoção de novas formas de linguagem e codificação, tal como codificação matemática, por exemplo. As técnicas matemáticas mais avançadas que ele

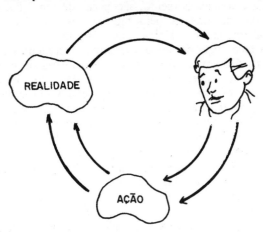

Figura 8

adquiriu, sua busca de motivação e interesse que brotam da formalização que está sujeita ao processo de tornar-se matematicamente instruído — no sentido de adquirir conhecimento e técnicas da ciência matemática estabelecida — e ao desenvolvimento de uma terminologia especial e uma forma estruturada de pensar, tornam-se crescentemente alienadas de sua realidade, significando esta o meio ambiente ou realidade física e natural e também, o que é ainda mais importante, a realidade social e cultural.

A questão que surge naturalmente é então: deveríamos, a fim de evitar isto, desistir da Matemática escolar? Evidentemente que não, pela mesma razão que não desistimos do uso de uma língua estrangeira de modo a comunicarmo-nos entre nós mesmos, o que não exclui nosso partilhar de nossos pensamentos, nossos sentimentos, nossas expectativas com nossos semelhantes em nossa tradicional língua materna.

A proposta é compatibilizar formas culturais, reduzindo a um mínimo a possibilidade dos conflitos denunciados acima. Circunstâncias históricas colocaram-nos na difícil posição de aprendizagem, na verdade de assimilação, de duas realidades culturais distintas. Enquanto os países do Ocidente possuem ciência, tecnologia e desenvolvimento moderno no exato conceito de progresso, implícito em sua própria evolução histórica, os países do Terceiro Mundo têm desempenhado um papel secundário nessa evolução, e a transferência foi permitida ou estimulada pelos poderes do Ocidente para os países do Terceiro Mundo na medida em que há benefícios, a curto ou longo prazo, nessa transferência. Além disso, essa transferência é feita pelo mesmo processo de evolução de conhecimento e progresso, que foi originalmente empreendido pelos poderes desenvolvidos. Toda a base lógica do empreendimento colonial, e o discurso aparentemente distinto de independência e desenvolvimento, são peças de um jogo, cujas regras foram e ainda são ditadas pelo mundo desenvolvido. Temos que aprender sua língua, sua lógica, sua história e sua evolução, sua ciência e sua tecnologia de modo a estarmos conscientes de seus motivos e objetivos últimos, e só assim sermos capazes de procurar nossa sobrevivência como seres humanos dignos. Mas ao mesmo tempo a Matemática nas escolas tem que incluir como um tópico básico o conhecimento, a compreensão, a incorporação e compatibilização de práticas populares conhecidas e correntes no currículo. Em outras palavras, o reconhecimento e a incorporação de etnomatemática no currículo. O esquema torna-se muito mais complicado. (Ver figura 9.)

De fato, (S, T) que indica as condições básicas socioculturais que estão na base do desenvolvimento curricular moderno são, neste caso, de maior complexidade. A já complexa correspondência da figura 9, onde a seta representa o desafio de um moderno desenvolvimento de currículo, tem agora acrescida a complexidade de incorporar a ela a componente etnomatemática (ver [16]).

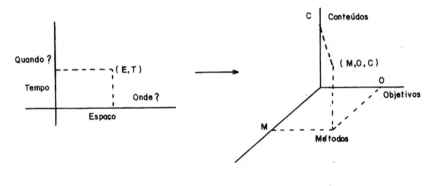

Figura 9

Interpretamos currículo como sendo a estratégia para a ação educacional. Educação, por sua vez, entendida como a realização, através de um sistema formal, do relacionamento dialético de cognição e aplicação. Em outras palavras, do relacionamento dialético de teoria e prática no comportamento inteligente que é próprio do ser humano. Referimo-nos agora novamente à figura 9. Esta interpretação de ação, como a realização dialética do relacionamento de teoria e prática é, na interpretação de J. Habermas, a conjugação da *techné*, o modo para alcançar um certo objetivo almejado, da práxis, que é a busca do aperfeiçoamento moral e político, e da *epistemê*, que é a busca pelo conhecimento irrefutável da ordem e natureza do universo. Ação inteligente significativa, é a resultante disso e que traduzida em ação educacional leva-nos a considerar *métodos, objetivos* e *conteúdos*, que são, solidariamente, as componentes do currículo, como interpretado em [16].

Para uma ação educacional efetiva, requer-se não apenas uma intensa experiência em desenvolvimento de currículo, mas também métodos de investigação e pesquisa para assimilar e compreender etnomatemática. E isto evidentemente requer métodos de pesquisa antropológica extremamente difícil em Matemática, um campo de estudo ainda pobremente cultivado. Junto com a História Social da Matemática, que visa compreender a mútua influência de fatores socioculturais, econômicos e políticos no desenvolvimento da Matemática, a *Matemática Antropológica*, se podemos inventar um nome para esta especialidade, são tópicos que entendemos como temas essenciais de pesquisa nos países do Terceiro Mundo, não como mero exercício acadêmico como estão agora despertando o interesse nos países desenvolvidos, mas como o campo fundamental sobre o qual podemos desenvolver o currículo de uma maneira relevante.

O desenvolvimento do currículo nos países do Terceiro Mundo adquire também uma abordagem mais global, claramente holística, não apenas pela consideração de métodos, objetivos e conteúdos solidários, mas principalmente pela incorporação dos resultados de descobertas antropológicas no espaço tridimensional que temos usado para caracterizar o currículo. Isto é muito diferente do que freqüentemente e erroneamente tem sido feito, que é incorporar estas descobertas individualmente em cada coordenada ou componente do currículo.

Isto tem muitas implicações para prioridades de pesquisa em Educação Matemática para países do Terceiro Mundo e tem obviamente uma contraparte no desenvolvimento da Matemática como uma ciência. Evidentemente, a distinção entre Matemática Pura e Aplicada tem de ser interpretada de modo diferente. O que foi rotulado como Matemática Pura e continua a ser assim, é o resultado natural da evolução da disciplina dentro de uma atmosfera social, econômica e cultural, que não pode estar desengajada das principais expectativas de um certo momento histórico. Não pode ser desconsiderado o fato de que L. Kroenecker ("Deus criou os inteiros — o resto é o trabalho dos homens"), K. Marx, Charles Darwin foram contemporâneos. A Matemática Pura, como uma forma autônoma de Matemática, surgiu naquela época, com óbvios sentidos político e filosófico. Para os países do Terceiro Mundo esta distinção é altamente artificial e ideologicamente perigosa. Evidentemente, revisar o currículo e prioridades de pesquisa de forma a incorporar prioridades de desenvolvimento nacional às práticas escolares que caracterizam a universidade é algo muito difícil de fazer. Mas todas as dificuldades não devem encobrir a crescente necessidade de agregar recursos humanos nos objetivos mais urgentes e imediatos de nossos países.

Isto apresenta um problema prático para o desenvolvimento da Matemática e Ciência nos países do Terceiro Mundo. Este problema conduzirá naturalmente a um encerramento do tema deste capítulo. É esse, a relação entre Ciência e Ideologia.

Ideologia, implícita no vestir, no morar, títulos tão soberbamente denunciados por Aimé Césaire em *A Tragédia do Rei Christophe*, toma uma forma sutil e prejudicial, ainda com efeitos de ruptura, maiores e mais profundos quando embutidos na formação de quadros e das classes intelectuais de antigas colônias, e que constituem a maioria dos assim chamados países do Terceiro Mundo. Não devemos esquecer que o colonialismo cresceu junto, num relacionamento simbiótico, com a ciência e a tecnologia modernas. A ciência, e em particular a Matemática, nos países ricos, está impregnada dos traços deste passado "glorioso". Os países pobres estão procurando por um futuro diferente.

CAPÍTULO 6

Modelos, Modelagem e Matemática Experimental

Quando nos colocamos perante a pergunta: "Por que ensinar Matemática?", uma série de considerações, muitas de caráter filosófico, se apresenta e decisões de valores tendem a dominar o questionamento, gerando muitas vezes acirradas discussões. Do mesmo modo, e diretamente ligada à primeira pergunta, podemos colocar o questionamento: "Como ensinar Matemática?". É claro, a resposta à primeira pergunta vai condicionar a resposta à segunda, que nada mais é que a formulação de estratégias para se atingir os objetivos concordados.

Nos capítulos precedentes temos sugerido que a resposta à questão fundamental que colocamos acima deve ser encontrada num contexto sociocultural, procurando situar o aluno no ambiente de que ele é parte, dando-lhe instrumentos para ser um indivíduo atuante e guiado pelo momento sociocultural que ele está vivendo.

Aceito o enfoque acima sobre como atingir aqueles objetivos da educação matemática, faz-se necessário definir estratégias para que a experiência escolar contribua e dê elementos para o aluno ser atuante. Embora vejamos como essencial que sua atuação seja global, e que portanto a escola deva agir de maneira integrada na preparação do aluno, vamos dar um exemplo de como o professor de Matemática pode proceder na sua disciplina específica. Infelizmente, a formação do professor de ciências como um verdadeiro cientista, é muitas vezes deficiente. O ideal seria que ele fosse capaz de encarar a realidade como um todo e a partir daí começar uma análise de detalhes, usando as linguagens convencionadas das ciências e seus refinamentos, que são as disciplinas e especialidades. A partir daí ele pode agir com a atitude de analista de uma realidade, o que servirá de exemplo para os alunos. Infelizmente, formado apenas em suas especialidades, o professor se refugia nelas, através da programação curricular das suas disciplinas, evitando qualquer divagação e análise vaga e imprecisa da realidade, como é próprio do verdadeiro cientista, e que é o primeiro passo para entender os fenômenos naturais, sem o que a análise de detalhes é falha em motivação, e conseqüentemente recaindo num abstratismo estéril. Como dizia Alfred N. Whitehead, "só há um objeto de estudos em educação, e este é a vida em todas as suas manifestações. Em vez desta simples unidade, oferecemos às crianças — Álgebra, do que nada se conclui; Geometria, do que nada se conclui (...) O melhor que se pode dizer de tudo isto é que é uma lista rápida de conteúdos a qual deve ter passado pela mente de uma entidade divina enquanto estava pensando em criar o mundo".

Uma tentativa de analisar algumas situações reais, e procurar, desinibido e "desestruturado", penetrar nessa situação, e depois utilizar conhecimentos especializados, específicos para detalhes da análise, é a base da estratégia de ensino integrado e global, no qual a Matemática se insere como uma linguagem, como "um instrumento mais fino que a linguagem usual para descrever fenômenos naturais", no dizer de René Thom.

Como se dá esse fenômeno que distingue o homem de outros animais: a capacidade de analisar uma situação global e tirar, de uma quantidade de conhecimentos acumulados por ele e por todas as gerações que o precederam no curso de cerca de 10.000 anos de humanidade, os instrumentos de que necessita para não só compreender o fenômeno, mas, se possível, agir sobre ele? E se não puder agir sobre o contexto em que ele está inserido, pelo menos ter consciência de sua posição? Essa característica única da espécie humana deve ser cultivada, estimulada, auxiliada pelo processo educacional, e não estrangulada pela ministração de conteúdos programáticos, disciplinares, motivados pelo próprio conteúdo programático das várias disciplinas.

Deixamos a pergunta inicial de como se dá esse fenômeno característico da espécie humana, e vamos nos contentar em apresentar uma descrição da estratégia que dá ao homem a condição de exercer seu poder de análise da realidade, como primeiro passo para influir nessa realidade. Tal modelo de estratégia se aplica, em geral, para todas as linguagens convencionadas e qualquer grau de sofisticação atingido por essas linguagens. A esquematização a seguir explica-se por si, sendo desnecessário se alongar com relação aos detalhes. Cabe, porém, uma explicação no que se refere aos "conhecimentos acumulados", que representam no nosso esquema todo o cabedal científico, filosófico, tecnológico etc., de que dispõe a humanidade, como propriedade comum e a disposição de toda ela. Tal conhecimento, estático e armazenado em bibliotecas, laboratórios, museus, tradições populares e indivíduos, será ativado quando e sempre que necessário. Seu caráter estático no sentido de ser armazenado, não exclui seu acréscimo, modificação e reformulação permanente, graças à aquisição de novos conhecimentos, de nova tecnologia e da reformulação de usos, costumes e valores. Similarmente a qualquer organismo vivo, o complexo de conhecimentos e atitudes evolui e se modifica por fatores internos e externos, e o mecanismo da pesquisa científica alimentará tais mudanças. Nossa prioridade é a utilização em massa de conhecimentos que estão acumulados e que vão se acumulando. A "metodologia de acesso a conhecimentos" é, portanto, o grande desafio pedagógico para os países em desenvolvimento, e responsabilidade primeira do sistema escolar, se pretendemos que esse sistema nos ajude a vencer, mais rapidamente, o subdesenvolvimento.

Feitas essas observações, apresentamos a esquematização da estratégia que pretendemos seja adequada ao processo de capacitação do aluno para análise global da realidade na qual ele tem sua ação. Isso é baseado essencialmente no processo de *modelagem*, que é o processo mediante o qual se definem estratégias de ação. A figura 10 esquematiza o processo.

Em seguida, damos um exemplo de como tal esquematização pode ser implementada, usando a linguagem convencionada da "Matemática".

Imaginemos uma situação motivada, por exemplo, por uma notícia recente de jornais, em que um salva-vidas, numa praia, deve socorrer uma pessoa que se encontra em dificuldades na água. O salva-vidas tem claramente um problema de estratégia: deve chegar, o mais rapidamente possível, ao ponto em que a pessoa em dificuldade se encontra. O início do processo é traduzir a situação real num problema formulado em linguagem convencionada — no caso, linguagem matemática. Devemos, antes de mais nada, eliminar algumas dificuldades oferecidas pela situação real, deixando bem claro para o aluno o caráter "aproximativo" que a formulação em linguagem convencionada apresenta com relação à situação real. Na verdade, a linguagem convencionada permite uma simulação da realidade, contendo implicitamente uma simplificação da realidade. É essencial que o aluno sinta o que se ganha e o que se perde na adoção da linguagem convencionada, e que mantenha sempre em foco a realidade perante a qual adotamos uma atitude simplificadora ao formularmos a situação na nova linguagem. Por outro lado, a formulação simplificada do contexto real global permite formular detalhes que seriam difíceis, quase impossíveis de serem destacados numa linguagem natural. O jogo de dois aspectos aparentemente contraditórios na reformulação do problema, que poderíamos chamar de aspecto *holístico* em contraposição ao aspecto *reducionista*, está na essência do método científico e desde os primeiros anos de escolarização deve ser um dos principais componentes do processo educacional.

Voltando ao problema em estudo, uma formulação em linguagem matemática é a seguinte: qual o tempo mínimo para que o salva-vidas vá do ponto A ao ponto B. A aproximação à situação

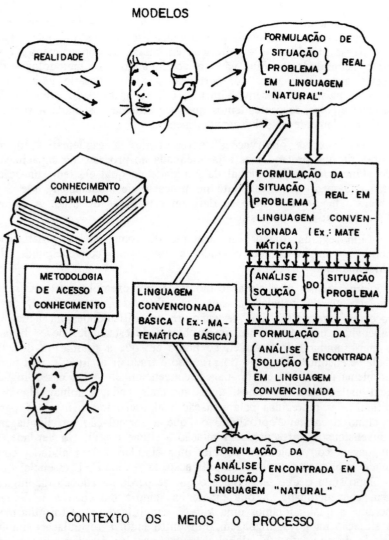

Figura 10

está em delinear a fronteira entre praia (onde ele deve correr) e água (onde ele deve nadar) como uma curva, efetivamente separando dois meios. A seguir fazemos algumas hipóteses do seguinte gênero: o salva-vidas tem velocidade constante V_1 no primeiro meio (praia) e velocidade V_2 no segundo meio (água). Também aqui, as hipóteses implicam numa evidente simplificação da situação real. É importante que o aluno sinta que o processo de fixar hipóteses é

Figura 11

essencial no processo científico, sem o que a formulação do problema em linguagem convencionada é impraticável. Tais hipóteses, devem ser *decididas*, e a decisão sobre quais são essas hipóteses é um componente importante do processo. Mas é variável, flexível, dependendo do investigador e do grau de aproximação com que se pretende tratar o problema. A formulação precisa das hipóteses será fundamental para que a solução encontrada encontre sua interpretação adequada. Uma vez fixadas hipóteses, e novas hipóteses vão sendo acrescentadas durante o processo, a situação-problema vai sendo reformulada em linguagem convencionada.

No caso do exemplo, trata-se agora de achar um ponto P tal que $AP/V_1 + PB/V_2$, que é o tempo total gasto para ir correndo (com velocidade constante V_1) em linha reta pela praia e entrar na água, nadando imediatamente em linha reta até onde se encontra a pessoa a ser socorrida (com velocidade constante V_2) seja o menor possível. Nota-se aí, e deve ser chamada a atenção do aluno para isso, novas hipóteses que se fazem. Mais uma vez, para podermos calcular tais tempos, faz-se necessário "situar" os pontos, e fazer novas hipóteses.

A essa altura alguns alunos poderão dizer "o banhista já morreu afogado". Preparem-se! Tal vivacidade de seus alunos dá um grande reforço para a motivação da aula. A observação pode ser usada para ilustrar a relação entre ciência e realidade, teoria e prática, intuição e dedução, instinto e raciocínio e tantas outras aparentes dicotomias.

A reformulação da situação, agora em linguagem mais matematizada, permite colocar o problema nos seguintes termos na figura 12: determinar P para que $AP/V_1 + PB/V_2$ seja o menor possível, conhecidos AA', BB', A'B', V_1 e V_2.

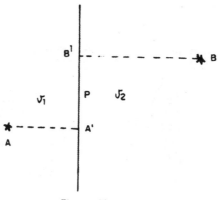

Figura 12

Deixamos ao leitor a resolução do problema, que pode ser feita com métodos de níveis os mais variados, desde geometria elementar até como aplicação de cálculo, procurando-se o mínimo de uma função. Ver, por exemplo, o método em [9]. Vamos, no entanto, explorar algumas considerações que podem ser feitas uma vez formulado o problema matematicamente na forma dada acima. Um primeiro passo para a solução deve ser adquirir uma certa intuição do resultado. "Adivinha-se" o que deve ser a solução. No caso em estudo, alguns alunos vão sugerir que o melhor projeto, o mais rápido, é AA'B, isto é, a melhor decisão do salva--vidas é sair correndo para a água e começar a nadar. É fácil ver que se V_2 é muito maior que V_1, esta solução é plausível. Outros dirão que o melhor é o trajeto AB'B, isto é, a melhor decisão do salva-vidas é correr o máximo pela praia e nadar o menos possível. Claro, isto será uma boa decisão se a velocidade dele na praia, V_1, for muito maior que a velocidade de nadar, V_2. Vamos supor, o que é provavelmente mais condizente com a realidade, que V_1 e V_2 não sejam muito diferentes. Então a decisão irá situar P entre A' e B'. Alguns dirão que a melhor decisão é situar P na intersecção de AB com A'B'. Aqui surge a conveniência de alguns cálculos, o que, sobretudo se houver possibilidade de utilização de uma pequena calculadora eletrônica, virá enriquecer sobremaneira a análise. Este pode ser um exemplo do que poderíamos classificar de método experimental no cálculo, que será discutido mais adiante.

A título de ilustração, podemos fixar os seguintes valores: AA' = 100 m, A'B' = 200 m, B'B = 150 m, e as velocidades na praia V_1 = 200 m/min e na água, V_2 = 50 m/min. Numa primeira aproximação seríamos tentados a situar o ponto P na intersecção de AB com A'B', situado a 80 m de A'. Utilizando uma calculadora que possua "quadrado" e "raiz quadrada", e dispondo os cálculos numa pequena tabela podemos calcular o tempo total gasto nesse percurso como t = 4,4821868. Em seguida, movemos o ponto de "entrada na água" para mais próximo de B', por exemplo situando-o a 100 m de A', e obtemos o tempo total de percurso como t = 4,3126579, o que indica uma melhor decisão. E assim vamos nos afastando de A', sempre melhorando a decisão. Ao se atingir P, situado a 180 m de A', o tempo total é t = 4,056112. Mas se agora passarmos a "entrar na água" na cota situada a 190 m de A', o tempo total empregado será t = 4,0802047, o que mostra estar a melhor decisão situada entre 180 m e 190 m de A'. Com mais alguns cálculos podemos situar o ponto ideal de entrada com melhor aproximação.

A utilização da calculadora, aliada ao esquema de "modelagem da realidade" através da linguagem convencionada da Matemática, vem dar ao chamado método de Polya, uma nova dimensão. Com objetivo de melhorar o ensino de Matemática, e oferecer um guia de apresentação e resolução de problemas pelo que ele chamou de "raciocínio plausível", G. Polya publicou o excelente livro *How to Solve It* [41]. Os inúmeros exemplos ali contidos e a associação com o que seria uma filosofia heurística da Matemática, representam o melhor exemplo de como criatividade e espírito crítico podem ser estimulados através do ensino da Matemática. Mas é claro que a força do efeito de tal ensino depende de se aceitar, como estratégia de ensino, um processo de raciocínio que siga paralelamente ao método de trabalho do matemático, que muda constantemente, sua confiança da intuição para a análise formal e vice-versa, sem os esquemas de rigor apriorístico que têm falsamente caracterizado a Matemática. Essa permanente mudança de intuição para formalismo, que no dizer de Polanyi representa em miniatura toda a seqüência de operações pela qual o raciocínio disciplina e expande o poder racional do homem, está implícita no esquema que apresentamos neste capítulo e na estratégia de currículo dinâmico que estamos procurando difundir.

Vamos falar um pouco mais da calculadora, fazendo uma retrospectiva do aparecimento das máquinas de calcular e do aparecimento do Cálculo Diferencial desde os tempos de Newton. Naturalmente, os dois processos caminham em paralelo. De fato, o exame dos manuscritos de Isaac Newton nos mostra uma grande manipulação de cálculos numéricos feitos por ele, e que serviram de base para sua teorização do Cálculo Diferencial. A utilização de cálculos, com números grandes, é parte integrante do desenvolvimento da Matemática e daí a preocupação de inúmeros matemáticos em facilitar o processo de calcular.

A partir do início do século, o ensino de cálculo e análise tem evoluído em direção a uma forma mais ou menos padronizada, caracterizada por uma seqüência de apresentação de conteúdo praticamente invariante: números reais, limites e continuidade, derivadas, integrais, funções de mais de uma variável. Além disso, os cursos têm sido dominados por objetivos marcadamente rigoristas, objetivos esses satisfatoriamente atingidos no início do século, com tendência para apresentar definições precisas, com especial cuidado para que essas definições sejam não contraditórias e para mostrar que as entidades definidas existem. Quando K. R. Manning afirma em [30] que "no ensino de Matemática há pouca discussão do critério se uma particular definição é útil ou não", ele não difere muito do que H. Poincaré dizia: "Antigamente, quando se inventava uma nova função, era tendo em vista algum fim prático; hoje, as inventamos expressamente para mostrar os defeitos de raciocínio de nossos pais e não se tira delas mais que isso." Esse receio que as discussões de detalhes poderiam obscurecer os principais ideais de análise foi vencido e a tendência para um tratamento completo, lógico, seguindo de perto a estrutura, em grande parte definida por A. Cauchy, do que passou a ser classificado como análise clássica, predominou. Seu livro *Cours d'Analyse* (1821) dá a linha geral do que são hoje os cursos de Cálculo. Realmente, essa disciplina representa a maturação e consolidação de vários aspectos do Cálculo Diferencial e Integral, integrados com as teorias de funções reais e complexas e incorporando tratamentos "rigorizados" e razoavelmente formalizados de tópicos de física clássica: calor, teoria cinética, elasticidade, eletricidade e magnetismo etc. Tal rigorização de problemas de física deu-se sobretudo através das equações diferenciais e integrais, cálculo das variações, séries trigonométricas etc. Como diz G. D. Birkhoff, o século XVIII representou o período de brilhante exuberância adolescente para a análise, enquanto o século XIX representa seu alcance de maturidade como disciplina bem caracterizada e força dominante na Matemática.

Talvez pelo próprio fato de atingir um estado de consolidação de teorias já bem definidas e de algumas já de há muito tempo bem conhecidas, como é o caso do teorema fundamental do cálculo de Leibniz [2], a análise clássica ocupou, a partir do início do século, uma posição central no ensino. As inúmeras aplicações da física e engenharia, limitando-se a formalizar teorias, como no caso da física, e a aplicações com um nível de sofisticação tecnológica relativamente baixo, no caso da engenharia, tiveram no ensino da análise um efeito contrário àquele que identificamos no ensino de Matemática Elementar, e que teve como resultado a preponderância dos aspectos computacionais da aritmética. Na análise clássica a preponderância manifesta-se nos cursos com tendência teórica e rigorista, de que é representativo o modelo de curso dado pelo livro de Camille Jordan: *Cours d'Analyse* (3 volumes, 1882-1887). Embora se notem sempre tentativas de enfatizar os aspectos práticos, visando a atingir mais rapidamente um cálculo útil, estas tentativas são rejeitadas nos meios universitários. Destacamos, por exemplo, *Calculus Made Easy* de Sylvanus Thompson e *Differential and Integral Calculus* de Granville e Smith. Ambos receberam, e recebem, quase total rejeição nos níveis acadêmicos.

A partir da década dos anos 60 começaram a se desenvolver intensamente os computadores e as calculadoras eletrônicas de pequeno porte, que podem acompanhar o usuário do mesmo modo que uma caneta, um relógio ou um livro. A história dessas máquinas praticamente acompanha a evolução do cálculo e da análise, e certamente da tecnologia. As várias etapas de sua evolução estão na tabela a seguir:

1623: Schickard
1642: Pascal
1673: Leibniz
1822: Babbage
1890: Hollerith (censo dos E.U.A.)
1929: IBM — Columbia University
1937: IBM — Harvard University
1937: Atanasoff (Iowa State)
1943: Projeto ENIAC
1951: Projeto UNIVAC (Rand Corp.)
1953: IBM 701

Muito embora os modelos de Schickard, Leibniz e Pascal fossem lentos, puramente mecânicos, eles carregavam o germe de uma idéia básica: o calculismo pode e deve ser mecanizado. A evolução indicada na tabela poderia ser continuada, mas o ritmo e diversidade da evolução, a partir dos últimos vinte anos, tornam praticamente impossível uma simples listagem. O rápido avanço da tecnologia de semicondutores e circuitos integrados faz prever a produção, nos próximos anos, de terminais para uso individualizado de instrução por computador (CAI) da ordem de 40 dólares cada. Mas ainda de maior impacto, pela facilidade de uso, baixo custo e uso absolutamente individualizado são as calculadoras eletrônicas de bolso. Como definiu Arthur Engel na sua conferência no 3.º Congresso Internacional sobre Educação Matemática, que se realizou em Karlsruhe, em agosto de 1976: "O aparecimento inesperado da calculadora de bolso e seu sucesso sem precedentes coloca um grande desafio. No futuro próximo, a influência dessa ferramenta miraculosa será muito maior que a dos computadores." Sem dúvida, o uso freqüente de um novo instrumento muda atitudes e acarreta uma reorientação intelectual que deve ser encarada. O mesmo deve ter acontecido quando o relógio de pulso, individual, se tornou acessível, e com influência ainda maior, a invenção da imprensa. Na nossa geração, testemunhamos o enorme impacto dos rádios transistorizados na atitude e reação das várias classes sociais, e da televisão, embora esta ainda não tendo atingido tal amplitude. Note-se porém que, desde 1971, foram vendidos cerca de 8 milhões de aparelhos de TV no Brasil. Contra 4 e meio milhões de refrigeradores! As calculadoras de bolso vêm encontrando considerável reação nos meios educacionais, o que é de se esperar. E tal reação não é novidade. Conta Platão no *Fedro*, o seguinte diálogo entre o deus supremo do Egito, o Rei Thamus, e um deus mais jovem e muito imaginativo, Theuth, que havia inventado os números, a aritmética, a geometria, a astronomia e a escrita. Quando Theuth contou sobre a escrita, ele disse ao Rei Thamus: "Essa invenção fará os egípcios mais sábios e melhorará suas memórias; pois o que eu descobri foi um elixir de memória e de sabedoria." E Thamus replicou: "Muito engenhoso, Theuth (...) você, que é pai das letras, foi levado por sua afeição a atribuir a elas um poder oposto ao que elas realmente possuem. Pois esta invenção vai produzir esquecimento nas mentes daqueles que aprenderem a usá-la, porque eles não irão exercitar sua memória. Sua confiança na escrita, produzida por caracteres externos que não são partes deles mesmos, vai desencorajar o uso da própria memória que eles possuem (...) você oferece a seus alunos a aparência da sabedoria, não da sabedoria verdadeira, pois eles vão ler muitas coisas sem instrução e assim vão pensar que sabem muito."

A nova atitude das gerações que terão acesso direto ou indireto às calculadoras de bolso, já encontradas a custo menor que de um livro, é imprevisível. O fato é que as crianças que em nosso país têm acesso a livros, cadernos ou mesmo escolas, infelizmente longe de serem a totalidade de nossas crianças, terão acesso às calculadoras. Essas crianças provavelmente manejarão as calculadoras antes mesmo de saber ler e escrever, como já se vêem crianças de 2 e 3 anos operando com precisão um aparelho de TV. Como essas crianças, e mais tarde como adolescentes e adultos, utilizarão essas máquinas, que atitude terão, tanto do ponto de vista matemático ou de mera utilização de números, quanto sobretudo do ponto de vista de seu esquema de raciocínio, nos é inteiramente desconhecido. O fato indiscutível é que os professores de Matemática que estamos formando hoje encontrarão, muito provavelmente, no início de sua vida profissional, o desafio dos alunos que já têm acesso às máquinas. Uma atitude inspirada em Thamus, ou em algum de seus redivivos, será com toda certeza psicologicamente rechaçada pelos alunos. Lamentavelmente, a menos que uma considerável componente computacional, conduzindo a uma atitude de calcular seja introduzida nos cursos básicos, os futuros mestres terão dificuldades em aceitar e enfrentar o desafio.

Há muito pouco material curricular, no curso básico de preparação de professores e matemáticos, apresentando problemas ou criando situações de modo a exigir o uso de uma calculadora para sua solução. A razão é fácil de entender. Por um longo período na evolução histórica dos cursos de cálculo e análise, sem dúvida a componente básica dos currículos de Matemática, sobreviveram apenas aqueles tópicos, exemplos e problemas que podem ser tratados sem muita "calculeira". Nós todos fomos educados com esse material, com essa atitude, e não é fácil a mudança. É necessário, pelo menos, uma geração para uma outra atitude. Mas é nossa responsabilidade começar um processo em direção à mudança.

Discutiremos alguns exemplos de como poderia ser introduzida, num curso de cálculo, uma componente conduzindo à utilização das calculadoras. Naturalmente, há uma utilização espontânea, em que a máquina é utilizada para encontrar mais rapidamente soluções de problemas praticamente já resolvidos ou trabalhados. No entanto, uma utilização que nos parece de maior importância é conduzir o estudante a ver como a calculadora pode interagir com o problema, dando informações e indicações do processo teórico envolvido. Esse uso integrado da calculadora, desde a formulação do problema, parece-nos de muito interesse.

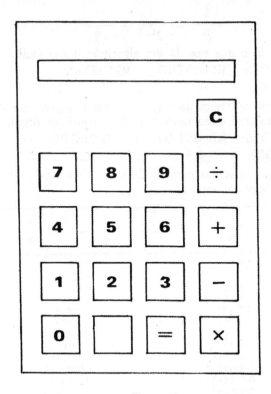

Figura 13

Vamos examinar o cálculo de soma de uma série. Antes, porém, faremos algumas considerações sobre a máquina, que assumiremos como sendo a mais simples, capaz de efetuar apenas as quatro operações. Possui 17 teclas, incluindo as quatro operações, o sinal de igual, o ponto decimal e uma tecla C (*clear*) para limpar o visor. A máquina exibe apenas o número fixo de algarismos, em geral, 8. Isto quer dizer que a máquina despreza algarismos a partir do 9.º.
Tomemos uma série bem simples:

isto é, limite de seqüência:
$$\sum_{k=1}^{\infty} \frac{1}{2^k}$$

$$s_1 = \frac{1}{2}, \; s_2 = s_1 + \frac{1}{2^2}, \; s_3 = s_2 + \frac{1}{2^3}, \ldots, s_k = s_{k-1} + \frac{1}{2^k}$$

Num primeiro passo calculamos os termos da seqüência:

$$\frac{1}{2^k} = \frac{1}{2^{k-1}} \times \frac{1}{2}$$

para qualquer k, o que nos dá um algoritmo muito fácil:
OPERAÇÕES: REGISTRO × REGISTRO × ....
NO VISOR: 0.5   0.5   0.5   0.25
obtendo-se assim os termos da seqüência, que se registra numa tabela.
Em seguida, soma-se esses termos, com o algoritmo simples:
OPERAÇÕES: REGISTRO + REGISTRO + ...
NO VISOR: 0.5   0.5   0.25   0.75
obtendo-se assim as somas parciais da série. Uma tabela com os dois passos tem o seguinte aspecto:

k	$\frac{1}{2^k}$	$\frac{1}{2} + \frac{1}{2^2} + \ldots + \frac{1}{2^{k-1}} + \frac{1}{2^k}$
1	0,5	0,5
2	0,25	0,75
3	0,126	0,876
4	0,0626	0,9376
5	0,03125	0,96875
6	0,015626	0,984375
7	0,0078126	0,9921876
8	0,0039062	0,9960937
9	0,0019531	0,9980168
10	0,0009765	0,9990233
11	0,0004882	0,9995116
12	0,0002441	0,9997656

As convergências, respectivamente para 0 e para 1, são claras. Pode-se facilmente conduzir à definição de limite com os "t", usando uma tabela do gênero.

Alguns exemplos interessantes podem ser encontrados no artigo de Richard Johnsobaugh [1]. Também o livro de nossa autoria [9] é encaminhado na direção de maior recurso a cálculos numéricos. Naturalmente, os primeiros exemplos são simples e refletem sobretudo uma atitude com relação a encontrar resultados numéricos e deles inferir resultados qualitativos. Isso exige uma mudança de ênfase no tratamento de certos tópicos clássicos. Por exemplo, na introdução da noção de derivada, é essencial o fato de estarmos procurando uma função linear que aproxime uma dada função na vizinhança de um ponto. Tomamos em [9], como ponto de partida para a introdução do conceito de derivada, esse aspecto, isto é, interpretando o cálculo das derivadas como um algoritmo que permite fazer tal aproximação.

O problema básico do cálculo diferencial pode então ser formulado do seguinte modo:

> Dada a função f(x) e o ponto x_0, achar uma função linear h(x) que *aproxime* f(x) na vizinhança de x_0, onde *aproxime* significa "f(x) − h(x) pequeno com relação a x − x_0."

Graficamente, chamando de A(x) a diferença f(x) − h(x), temos:

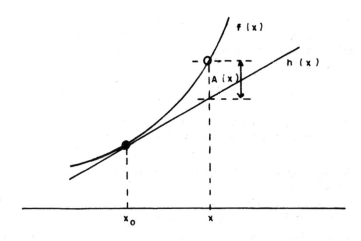

Figura 14

Vamos ilustrar com um exemplo. Consideremos a função
$$f(x) = 2x^2 - 1$$

e vamos aproximá-la pela tangente passando pelo ponto $(1, f(1))$ e conforme gráfico a seguir:

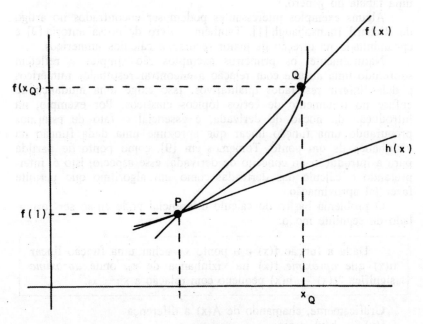

Figura 15

Vamos calcular a declividade da função linear que aproxima, isto é, a tangente à curva f(x). Admitindo-se que a posição da tangente seja a posição limite das secantes passando por P e por Q, quando Q se aproxima de P, temos

$$\frac{f(x_Q)-1}{x_Q-1} = \frac{2x_Q^2-2}{x_Q-1} = 2(x_Q+1)$$

e para $x_Q = 1$, obtemos para a declividade de h(x) o valor 4, o que permite escrever a equação da tangente aproximante:

$$h(x) = 4x - 3.$$

Vejamos agora o que significa $A(x) = f(x) - h(x)$ ser pequeno com relação a $x - x_0$.

No nosso exemplo,

$A(x) = 2x^2 - 1 - 4x + 3 = 2x^2 - 4x + 2$, e $x - x_0$ é $x-1$.

Vamos dar a x valores que se aproximam de 1, e assim calcular para cada um desses valores $A(x)$ e $x-1$. Mesmo com uma máquina de poucas possibilidades, somente com as quatro operações, isso pode ser feito facilmente, por exemplo com um dispositivo como a tabela a seguir.

x	x − 1	2x²	4x	A(x) = 2x² − 4x + 2
2	1	8	8	2
1,5	0,5	4,5	6	0,5
1,4	0,4	3,92	5,6	0,32
1,3	0,3	3,38	5,2	0,18
1,2	0,2	2,88	4,8	0,08
1,1	0,1	2,42	4,4	0,02
1,01	0,01	2,0402	4,04	0,0002
1,005	0,005	2,02005	4,02	0,00005
1,004	0,004	2,016032	4,016	0,000032
1,003	0,003	2,012018	4,012	0,000018
1,002	0,002	2,008008	4,008	0,000008
1,001	0,001	2,004002	4,004	0,0000002
1,0001	0,0001	2,0004	4,0004	0,0000000

O último valor da última coluna à direita significa que a capacidade da máquina foi superada e não permite calcular o valor de A(x) com algarismos significativos, muito embora evidentemente A(x) seja diferente de 0 quando x/1. O que a tabela mostra claramente é que A(x) diminui mais rapidamente que x − 1, isto é, A(x) é pequeno com relação a x − 1.

Um outro ponto crítico nos cursos de cálculo e introdutórios à análise é o estudo da fórmula de Taylor. Interpretada como uma forma mais fina de aproximação, em que se usa como aproximante um polinômio de grau superior, e não uma reta, como no caso da discussão sobre a derivada, a utilização de tabelas com cálculo numérico efetivo é simples e ao mesmo tempo altamente ilustrativa. Igualmente, na definição de integral definida, e no tratamento de soluções aproximadas para equações diferenciais. Detalhes poderão ser encontrados em [9], cujo tratamento conduz naturalmente à utilização de exemplos numéricos.

Os exemplos dados, de uma certa trivialidade, ilustram uma atitude de voltar o ensino de cálculo às suas noções de base, da natureza experimental. Usando uma frase de R. P. Boas Jr., considerar "Calculus as an experimental science". De fato, a atitude é dar tratamento experimental não só ao cálculo, mas à Matemática em geral. Os projetos que estamos desenvolvendo no IMECC da UNICAMP para ensino primário refletem essa atitude, excelentemente descrita por Henry O. Pollak, Presidente da Mathematical Association of America, em sua conferência sobre "A interação entre Matemática e outras disciplinas na escola" (incluindo cursos integrados), na sessão B-6 do Congresso de Karlsruhe. Em se tratando de futuros professores, como é o caso nos cursos de cálculo e de introdução à análise, a função dessas disciplinas, de origem tipicamente experimental, é ilustrar o processo de matematização de situações que elas apresentam, do mesmo modo que um tratamento teórico, como é típico dos cursos de análise, deve evidenciar a aquisição gradativa de uma interpretação mais fina e de uma descrição de rigor e formalismo crescente. Como diz René Thom, "a Matemática é um instrumento mais fino que a linguagem usual para descrever fenômenos naturais" [44].

Assim, os exemplos de atitude que descrevemos podem ser levados um passo adiante, sempre com o auxílio de um poderoso auxiliar, que é a calculadora. A idéia de um laboratório de cálculo pode causar uma certa estranheza, mas na verdade talvez represente a componente mais importante que foi deslocada dos cursos de Matemática quando o cálculo tomou a forma com que se apresenta nos currículos universitários. De fato, um indicador de quanto a componente laboratório, no seu sentido mais amplo, pode representar na formação matemática está no fato de as escolas de engenharia e física darem origem a excelentes matemáticos, apesar de uma evidente deficiência curricular quando comparados aos cursos especializados na formação de matemáticos. As possíveis faltas de conteúdo são abundantemente compensadas pela motivação e sensibilização para o processo de matematizar situações.

Exemplos de laboratórios de cálculo são encontrados freqüentemente associados aos vários projetos ligados à computação. Talvez os de maior repercussão sejam os projetos CRICISAM: Calculus, A Computer Oriented Presentation, Florida State University (1968-1970), e o projeto Unified Science Study Group, desenvolvido no M.I.T. (1971). Deve-se mencionar o curso de Física de R. P. Feynman (Coltech, 1963) que, embora combatido e considerado "uma ameaça" por certos círculos matemáticos, apresenta muitos dos componentes do que poderia ser um enfoque experimental.

Como ilustração, vou descrever um aparelho usado num desses laboratórios (Projeto USSP), um acelerômetro. Ele consiste num tubo curvado cheio de álcool, com uma bolha que se move de sua posição de equilíbrio quando o instrumento é submetido a uma aceleração. Mediante leituras feitas levando-se o aparelho num carro ou num trem, obtém-se uma curva de aceleração em função do tempo. Uma integração numérica permite que se obtenha uma curva de velocidade em função do tempo, e uma segunda integração numérica dá espaço em função do tempo. Os gráficos a seguir ilustram o procedimento.

Naturalmente, as integrações numéricas representam a ênfase não-clássica à análise clássica. Até certo ponto, essa ênfase é tornada possível pela utilização de uma pequena calculadora.

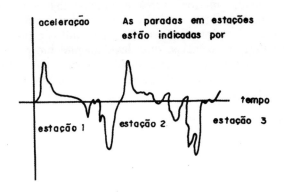

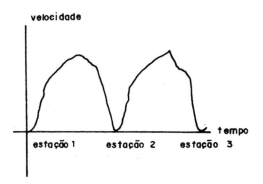

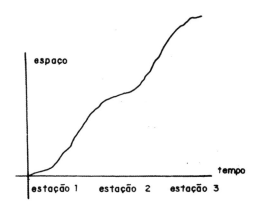

Figura 16

Sem dúvida, muitos outros exemplos podem ser encontrados, sobretudo num esforço conjunto entre físicos, químicos, biólogos, sociólogos etc. Tal integração poderá ser muito facilitada nos cursos de licenciatura em ciências, que devidamente interpretados e implementados, poderiam ser o veículo ideal para uma atitude mais voltada a soluções de problemas reais, que certamente se transmitiria a gerações futuras.

*Quand se déshabituera-t-on de
l'habitude de tout expliquer?*

Erik Satie

Referências

[1] Apple, Michael, org.: *Cultural and Economic Reproduction in Education*, Routledge and Kegan Paul, Londres, 1982.
[2] Apple, Michael: *Ideologia e Currículo*, Editora Brasiliense S.A., São Paulo, 1982 (original inglês, 1979).
[3] Autor desconhecido: Artis Cuiuslibet Consummatis, org. Stephen K. Victor: *Practical Geometry in the High Middle Ages*, The American Philosophical Society, Filadélfia, 1979.
[4] Barnes, Barry: *Interest and the Growth of Knowledge*, Routledge and Kegan Paul, Londres, 1979.
[5] Bateson, Gregory: *Steps to an Ecology of Mind*, Ballantine Books, Nova York, 1972.
[6] Bernal, John D.: *Science in History*, (4 vols.), Pelican Books, Penguin, Ltd., Middlesex, 1969.
[7] D'Ambrosio, Ubiratan: L'adaptation de la structure de l'enseignement aux bésoins des pays en voie de développement, *IMAPCT: Science et Société*, vol. XXV, n.º 1, 1975, pp. 100-101.
[8] D'Ambrosio, Ubiratan: Algumas reflexões sobre transmissão cultural e evolução, em *Ciência e Cultura*, vol. 34, n.º 12, pp. 348-357, 1982.
[9] D'Ambrosio, Ubiratan: *Cálculo e Introdução à Análise*, Companhia Editora Nacional, São Paulo, 1976.
[10] D'Ambrosio, Ubiratan: Modelos Matemáticos do Mundo Real, *Ciencia Interamericana*, vol. 20, n.º 1-2, pp. 4-7.
[11] D'Ambrosio, Ubiratan: Overall Goals and Objectives of Mathematics Teaching, *Proceedings of the Third International Congress of Mathematical Education*, Karlsruhe, August 1976, pp. 221-227.
[12] D'Ambrosio, Ubiratan: The Project "CPS-Bamako": an option in post--graduate training for developing countries (a aparecer).
[13] D'Ambrosio, Ubiratan: Reflexiones sobre alternativas educacionales para grupos culturalmente diferenciados, em *Alternativas de Educación para Grupos Culturalmente Diferenciados*, org. I. Chamorro *et al*, OEA, Washington.
[14] D'Ambrosio, Ubiratan: The role of non-formal education in the development of creativity, *Proceedings of the Symposium on Science, Education and Creativity*, San José, Costa Rica, 1982.
[15] D'Ambrosio, Ubiratan: Sobre a Integração do Ensino de Ciências e Matemática, *Ciência e Cultura* 26(11), novembro 1974, pp. 1003-1010.

[16] D'Ambrosio, Ubiratan: Success and failures of Mathematics curricula in the past two decades: a developing society viewpoing in a holistic framework, in *Proceedings of the Fourth International Congress on Mathematical Education* (Berkeley, 1980), org. Marilyn Zweng et al., Birkhäuser, Boston 1983, pp. 362-364.

[17] D'Ambrosio, Ubiratan: Uma opção para formação de Mestres em Ensino de Ciências, Seminário Regional sobre "Enseñanza Integrada de la Ciencia en America Latina", UNESCO, Montevideo, 17-28 novembro 1975, Documento n.º 12.

[18] D'Ambrosio, Ubiratan: Uniting Reality and Action: A Holistic Approach to Mathematics Education, in *Teaching Teachers, Teaching Students*, org. L. A. Steen & D. J. Albers, Birkhäuser, Boston, 1981.

[19] Davis, P. J. e Reuben, Hersch: *A Experiência Matemática*, Editora Francisco Alves, Rio de Janeiro, 1985 (original inglês, 1981).

[20] Déschamps, N.: *Les Sociétés Secrètes et la Société*, 3ème edition, Oudin Frères, Paris, 1880.

[21] Freudenthal, Hans: *Mathematics as an educational task*, D. Reidel Pub. Co., Dordrecht, 1973.

[22] Grad, Harold: Abstract SC 76-2, *Notices of the American Mathematical Society*, vol. 22, n.º 7, 1975, p. A-740.

[23] Gruber, Howard E.: *Darwin on Man*, Wildwood House, Londres, 1974.

[24] Habermas, J.: *Conhecimento e Interesse*, Zahar Editores, Rio, 1982.

[25] Howson, A. G.: *A History of Mathematics Education in England*, Cambridge University Press, Cambridge, 1982.

[26] Jaubert, Alain et Lévy-Leblond, Jean-Marc, ed.: *Auto-Critique de la Science*, Collection Science Ouvert, Éditions du Seuil, Paris, 1973.

[27] Kline, Morris: *Mathematical Thought from Ancient to Modern Times*, Oxford Univ. Press, Nova York, 1972.

[28] Levin, Simon A., org.: Ecology Analysis and Prediction, *Proceedings of SIAM-SIMS Conference on Ecosystems*, Alta, Utah, July 1-5, 1974, SIAM, 1975.

[29] Lumsden, C. J. & Wilson, E. O.: *Genes, Mind and Culture*, Harvard University Press, Cambridge, MA, 1981.

[30] Manning, Kenneth R.: The Concept of Rigor in the History of Mathematics, *The History of Science Society Annual Meeting*, Atlanta, 1975, 8 pages (mimeo).

[31] Marrou, H. I.: *Histoire de l'Education dans l'Antiquité*, Editions du Seuil, Paris, 1948.

[32] May, Rollo: *Eros e Repressão* (Amor e Vontade), Editora Vozes, 1982.

[33] Mead, Margaret: *Culture and Commitment: A Study of the Generation Gap*, The Natural History Press/Doubleday and Co., Nova York, 1970.

[34] Menninger, Karl: *Number Words and Number Symbols: A Cultural History of Numbers*, The M.I.T. Press, Cambridge, 1969.

[35] Mikami, Yoshio: *The Development of Mathematics in China and Japan*, Chelsea Pub. Co., Nova York, 1974.

[36] Moravcsik, Michael J. e Ziman, J. M.: Paradisia and Cominatia: Science and the Developing World, *Foreign Affairs*, vol. 53, n.º 4, 1975, pp. 699-722.

[37] Pajak, E. J.: Teaching and the Philosophy of the self, *Amer. Journ. of Education*, vol. 90, n.º 1, pp. 1-13, 1981.

[38] Papert, Seymour: *Mindstorms*, Basic Books Inc., Nova York, 1980. (Edição brasileira: *Logo: Computadores e Educação* — Brasiliense.)

[39] Piatelli-Palmarini, M., org.: *Théories du Language/Théories de l'Apprentissage*, Editions du Seuil, Paris, 1979. Tradução de Álvaro Cabral: *Teorias da Linguagem, Teorias da Aprendizagem*, Editora Cultrix-EDUSP, 1983.

[40] Platão: Republic VII, *The Complete Dialogues*, org. E. Hamilton & H. Cairns, Bollinger Series, Pantheon Books, Nova York, 1966.

[41] Polya, George: *How to Solve It*, Princeton University Press, Princeton, N. J., 1945.

[42] Sohn-Rethel, A.: *Intellectual and Manual Labor*, Macmillan Press, Londres, 1978.

[43] Spengler, Oswald: *The Decline of the West* (2 vols.), Alfred A. Knopf, Nova York, 1957. (Ed. brasileira: *A Decadência do Ocidente*, Zahar.)

[44] Thom, René: Les Mathématiques et l'intelligible, *Dialectica*, vol. 29, n.º 1, 1975, pp. 71-80.

[45] Wade, Nicolas: Third World: Science and Technology Contribute Feebly to Development, *Science*, vol. 189, 5 September 1975, pp. 770-776.

[46] Wilder, Raymond L.: A Culturological Study of the Demise of PG 17, *Notices of the American Mathematical Society*, vol. 23, n.º 1, p. A-28, 1967.

[47] Wilder, Raymond L.: *Evolution of Mathematical Concepts: An Elementary Study*, John Wiley & Sons, Inc., Nova York, 1968.

[48] Zaslavsky, Claudia: *Africa Counts*, Prindle, Weber & Schmidt, Inc., Boston, 1973.

APÊNDICE

Integração: Tendência Moderna no Ensino das Ciências

Foi com grande satisfação que recebi o convite para esta conferência. Em primeiro lugar, por me sentir altamente honrado pela oportunidade de me dirigir às pessoas que têm a responsabilidade da formação do corpo docente das nossas escolas de 1.° e 2.° graus, dentre as quais conto com grandes amigos e justamente para falar sobre um dos meus temas prediletos, qual seja, a Integração do Ensino das Ciências. Em segundo lugar, pela feliz coincidência de o Encontro se realizar exatamente quatro dias após o término de uma conferência realizada em Paris, da "Commission on the Teaching of Science" do "International Council of Scientific Unions", e da qual tive a honra de participar. Tal conferência reuniu durante três dias, em trabalho intensivo, quinze especialistas em ensino de ciências de vários países, especialmente convidados para propor orientação aos organismos internacionais e às autoridades educacionais de vários países sobre o que fazer para a melhoria do ensino de ciências. Mais adiante entrarei em detalhes sobre tal reunião que, obviamente influiu nas várias recomendações e sugestões que aqui apresentarei.

Quero ainda, na oportunidade, manifestar minha satisfação por ver essa reunião organizada e realizada pela Universidade Federal de São Carlos que, como todos sabemos, representa uma nova experiência universitária, com ênfase no ensino de ciências em escolas de 1.° e 2.° graus. Sem dúvida, a Universidade Federal de São Carlos procura realizar o ideal de todos os cientistas preocupados em levar aos jovens a sua especialidade e transformá-la em instrumental para que o mundo de amanhã seja menos sofredor e conseqüentemente mais feliz. A responsabilidade do cientista na formação das gerações futuras é enorme. Vivemos num mundo marcado pela ciência e pela tecnologia e, sem o devido cuidado, podemos construir uma geração completamente desligada dos valores humanos que são a base de todo nosso progresso científico e tecnológico. Motivar os cientistas para que grande parte de seus esforços, de seus conhecimentos e de sua capacidade global seja dedicada à melhoria do ensino de 1.º e 2.º graus, e mesmo pré e extra-escolar, parece-nos das missões mais importantes das Universidades e Institutos isolados. De fato, os quinze cientistas reunidos em Paris na semana passada, todos dedicando grande parte de seu tempo à educação, deixaram claro que um dos nossos grandes esforços deve ser o recrutamento do maior número possível de cientistas em plena atividade de pesquisa e ensino universitário para que se preocupem e participem ativamente dos problemas de ensino. Tais esforços devem ser estendidos a atrair também especialistas em disciplinas de educação, para que colaborem com cientistas nessa tarefa da maior importância, qual seja, a educação científica das gerações futuras.

O quadro que se apresenta ao educador de hoje mostra uma juventude absolutamente conscientizada e influenciada pelos grandes progressos da ciência e da tecnologia. Quando, há trinta anos atrás, jovens iam tomar conhecimento de um osciloscópio de pesquisa nos seus primeiros anos de universidade, hoje crianças da escola primária já têm familiaridade com esse aparelhamento através de suas inúmeras manifestações, como por exemplo, a TV. E quando a criança de trinta anos atrás podia olhar para o céu e acreditar em qualquer estória que se contasse sobre as estrelas e astros em geral, hoje qualquer criança já sabe ou mesmo viu pela TV o desembarque do homem na Lua. E quando há trinta anos atrás podia-se falar do homem que fazia grandes cálculos com números enormes em pouco tempo, hoje qualquer criança sabe que apertando um botãozinho, em pouco tempo se fazem cálculos de dez algarismos sem maiores problemas. Realmente, é aí que eu vejo o grande impacto na educação científica de hoje.

Nos próximos anos, uma criança de seis ou sete anos de idade chegará à escola tendo plena habilidade de cálculo com números grandes. A possibilidade que isso abre à investigação de fenômenos naturais, pela análise experimental de dados, é algo absolutamente fora do que a mais fértil imaginação do educador de cinqüenta anos atrás podia conceber. Se o impacto dos computadores na pesquisa científica e tecnológica e na administração em geral foi enorme, um impacto muito maior será causado pela utilização das pequenas calculadoras de bolso a preços cada vez mais reduzidos.

Considerações desse gênero, aliadas a uma análise de custo das mais elementares, mostram que todos os elementos tradicionalmente utilizados na educação, quais sejam, papel, livros, salas de aula e sobretudo o ensino tradicional utilizando única e exclusivamente o homem como transmissor de conhecimentos, sobe vertiginosamente de preço; enquanto os componentes eletrônicos, computadores, pequenas máquinas de calcular, equipamentos de gravação e reprodução de som e imagem baixam vertiginosamente de preço. Talvez os únicos produtos cujos preços estejam caindo universalmente sejam aqueles derivados do progresso eletrônico. É absolutamente fora de propósito que um educador ignore esses fatos. Como a escola responde a esse mundo que se nos apresenta já hoje com um enorme impacto? A escola deve se antecipar ao que será o mundo de amanhã. É impossível conceber uma escola cuja finalidade maior seja dar continuidade ao passado. Nossa obrigação primordial é preparar gerações para o futuro. Crianças que estão hoje se formando na escola primária serão as forças ativas do ano 2000. Absolutamente, não estaremos preparando esses jovens proporcionando a eles uma visão contemplativa do passado.

Ao lado das maravilhas do futuro hoje, olhemos as negruras do presente amanhã. Não posso deixar de mencionar algo menos róseo e menos maravilhoso, que é o presente. Com desculpas por adotar um refrão antigo, diria que o Brasil é uma terra de contrastes. Enquanto nos maravilhamos com nossas realizações no campo da industrialização, auto-suficiência energética e o nosso célebre potencial como o grande país do futuro, que agora já sentimos ser um fato inevitável, nossos índices sociais colocam-nos no grupo dos subdesenvolvidos. O nosso salário mínimo, do qual se beneficia apenas uma parte da população, proporciona muito otimisticamente apenas um quinto do que uma família necessita para viver decentemente. Não vou mencionar índices de mortalidade infantil, de subnutrição e de oportunidades culturais (pão do espírito) para o povo brasileiro, pois todos temos consciência da amargura desses dados. E os números relativos ao processo educacional já foram mencionados pelos conferencistas que me precederam. Em suma, o Brasil tem características de um país socialmente pobre e injusto, com um futuro riquíssimo e justo, do qual estamos conscientes e corretamente convencidos. Nossa missão em facilitar e acelerar essa transição, possivelmente tornando-a realidade em nossa geração, é gigantesca. E eu não vejo outra possibilidade além de um esforço em massa, de proporções desconhecidas na história, para que a escola desempenhe seu papel único e insubstituível de preparar as crianças para que sejam instrumentos dessa mudança.

Tal preâmbulo permite-me enunciar minha profissão de fé num ensino de massa, numa escola em todos os seus níveis, pré-escolar a pós-universitário e extra-escolar, aberta a todos, realmente todos, bem ou mal dotados, capazes ou incapazes, de todos os níveis sociais. Absolutamente, não posso compromissar com uma escola que "retém" (é o novo nome para "reprova") metade de uma classe alegando falta de aproveitamento ou de nível, nem com uma universidade que se fecha e nega acesso àqueles que a procuram alegando falta de preparo ou de condições econômicas, assim como não poderia compromissar com um sistema médico que apresenta mortalidade de metade dos casos, alegando falta de saúde ou falta de recursos dos pacientes. É aí que nossa inventividade, nossa capacidade de improvisar e sobretudo nossa solidariedade e generosidade (sem o que não poderemos educar) entra. A missão é difícil e eu gostaria de utilizar uma imagem da Conselheira Esther de Figueiredo Ferraz que muito calou na minha percepção da educação em países em desenvolvimento: "A escola é como um ônibus velho, caindo aos pedaços e que se enche de passageiros, cada vez mais, e que não pode parar. Deve ser consertado, modernizado e ampliado enquanto vai andando." O desafio é nossa profissão e a coragem nossa ferramenta.

Neste contexto vou situar o ensino de ciências e a integração.

Vivemos num mundo onde os impactos da ciência e da tecnologia são incalculáveis. Tive a feliz oportunidade de trabalhar num país da África, o Mali, na região do Sahel, dolorosamente popularizada nos últimos anos como uma região de fome. Digo feliz oportunidade pela riqueza de experiência profissional que ali acumulei e sobretudo pela escola de solidariedade, generosidade e humildade que isto representa. Pois bem, em visita a aldeias do país, em condições as mais precárias de higiene, conforto e mesmo alimentação, o rádio transistor está presente. Antes mesmo da escola de alfabetização, o conhecimento de um mundo distante está presente. Mais, nas mesmas condições precárias, o transporte por bicicleta e por "mobilete" (bicicleta motorizada) é comum. Possibilidades de trabalho para uma aldeia distante das grandes cidades, em que se ia só em dias de mercado, são hoje realidade. E a crise do petróleo afeta diretamente o dia-a-dia desses povos. É ciência e tecnologia notadas no seu impacto mais direto, sem interferência de nenhum agente escolar formal. Poderia multiplicar os exemplos, mostrando situações que ocorrem no Brasil ou em países superindustrializados. O fato inconteste é que hoje em dia uma criança chega à escola com uma experiência, vivência e mesmo conhecimentos que a tornam absolutamente diferente das crianças da geração anterior. E o ensino não aproveita essa diferença, sobretudo habilidades, motivações e conhecimentos científicos que são hoje bagagem de toda criança e jovem.

Mas esses conhecimentos, motivações e habilidades vêm em forma integrada. Não em doses, capítulos ou unidades de Física, Química ou Matemática, ou qualquer outra disciplina. Vêm como o fato, o concreto, o produto ou o problema, desafiando muitos conhecimentos e técnicas. Como produto ou como problema, é apresentado integrado, como um todo. Mas eu não vou me alongar nessas considerações. Muitos dirão: isto é a velha discussão sobre método analítico e sintético. Outros reconhecerão aí o tradicional método de ensino da medicina, em que o aluno começa o curso recebendo um cadáver para dissecar. Outros ainda dirão que isto é impossível. Como será possível saber como funciona um rádio sem ser iniciado em várias teorias formais de eletrônica, portanto sem ter feito um pouco de equações diferenciais e séries trigonométricas, portanto sem ter passado por todo um escalonamento de tópicos de matemática, construídos lógica e rigorosamente um sobre o outro, como deveria ser ensinada a Matemática? E aqui, na Matemática e nas ciências que atingem um grau de formalismo comparável, como por exemplo a Física, se situa o foco de resistência à integração. Rigor e formalismo na estruturação de uma disciplina é algo que nada ou pouco tem a ver com seu ensino. A substituição do ideal de rigor no ensino da Matemática pela aceitação de uma construção intuitiva, experimental, com repetições em maior e maior profundidade e o reconhecimento que apreciação de rigor se cultiva e varia de indivíduo para indivíduo, assim como se afina o ouvido para música, e que alguns atingirão um certo nível enquanto outros jamais alcançarão tal nível, parece-me a chave da integração. Mas vou deixar tais considerações, que devem ser tratadas numa exposição específica sobre o papel da Matemática na integração, e que em suas linhas gerais, bem como apreciação filosófica, estão contidas num trabalho publicado em *Ciência e Cultura*, novembro de 1974, e incorporadas ao texto *Las Aplicaciones de la Matemática en la Enseñanza y en el Aprendizaje* publicação coletiva da "Oficina de Ciencias de la UNESCO para la América Latina", Montevideo, agosto de 1974.

Vou admitir que todos tenham uma idéia geral do que seja ciência integrada. É, utilizando a definição de 1968 do Professor Milos Matyas, ex-Presidente da "Commission on the Teaching of Sciences" do "International Council of Scientific Unions", aquela metodologia que acentua a unidade da ciência, permitindo ao aluno compreender a posição do homem na natureza e na sociedade, introduzindo-o a problemas interdisciplinares. É então acentuado, na metodologia, o papel da observação, do método científico e da quantificação como instrumentos desse método. Mas uma escola dirigida para o desenvolvimento vai mais além. Exige motivação adequada e focalização em alguns grandes temas centrais e de base. De acordo com o Dr. Albertz Baez, atual Presidente da mesma Comissão, os temas básicos que permitiriam um ensino de ciências destinado a melhorar a qualidade de vida são simbolizados por quatro pês: população, pobreza, poluição e paz.

Mas persiste o problema do que seja realmente ciência integrada. Obviamente, uma Comissão, como a que se reuniu em Paris na semana passada, não é constituída para confirmar uma posição *a priori*, mas sobretudo para questionar, propor medidas e avançar alguma orientação. Sem dúvida, a questão de ciência integrada *versus* disciplina foi debatida, questionada e... deixada para ser ainda mais discutida. De fato, uma conferência será convocada para rever a conceituação de 1968 de ciência integrada, que foi gerada sobretudo pelas prioridades dos países desenvolvidos. Mas a unanimidade dos educadores trabalhando em ciência para desenvolvimento vêem na integração total, focalizada em grandes temas coincidentes com os quatro pês propostos pelo Dr. Baez, a única possibilidade de diminuirmos o *gap* que nos separa dos países industrializados. É uma educação de massa, onde a escola deve suprir a falta de treinamento pré-escolar que pais que jamais freqüentaram uma escola não estão em condições de dar. E, indiretamente, a escola deve levar a esses pais conhecimentos científicos que influirão na compreensão do mundo moderno e, em muitos casos, na própria produção. A escola é o veículo da mudança e as crianças são os agentes dessa mudança, não apenas no futuro, mas hoje. Técnicas de comunicação devem necessariamente ser incorporadas em todos os níveis de ensino. Naturalmente, a criança, como agente de mudança, deve ser psicologicamente sadia e não frustrada pelo resultado ou mesmo a perspectiva de uma avaliação punitiva. E aqui reside um dos grandes obstáculos contra a integração. Obviamente, conhecimento global sobre um fenômeno, um problema ou um objeto, jamais poderá ser aquilatado por padrões preestabelecidos. Na verdade, a avaliação, como a praticamos, é a maior aberração de um sistema educacional. Recomendaria como indispensável aos futuros educadores, a leitura da obra clássica de Beccara: *Dos delitos e das penas*, que no século XVIII apontava os absurdos do sistema penal punitivo. E igualmente, o recém-publicado livro de Michel Foucault: *Surveiller et Punir*, Gallimard, 1975. Porque os sistemas de avaliação vigentes, mesmo os mais avançados, são mecanismos punitivos. No entanto, a avaliação construtiva é que permitirá, num ensino integrado, voltado a problemas, identificar vocações, tendências e interesses e canalizar o ensino de acordo com essas tendências. Num projeto que estamos desenvolvendo sobre "Geometria Experimental para o 3.º ano do 1.º grau", uma das situações inclui colocar vários objetos de variadas formas e tamanhos em bacias de água. A resposta mais interessante, e que reorientou toda a experiência, foi dada por uma criança que respondeu que o fato mais importante da situação era que todos os objetos ficavam molhados. Isto era mais importante, pois acontecia com todos. Nenhum de nós havia previsto tal resposta.

A avaliação construtiva permitirá simultaneamente com a educação em massa a formação de uma elite científica, e o aproveitamento pleno do potencial de cada indivíduo. Mas "passar", ser promovido, é claro que todos, sem exceção, devem passar. Cada dia, cada minuto, representa uma experiência, uma vivência incorporada ao indivíduo. Isto não se repete e, portanto, o contexto educacional é absolutamente impossível de ser reproduzido para um indivíduo. O que foi aprendido ou assimilado, não foi compreendido ou apreciado, sê-lo-á em outra oportunidade, em outro contexto. O global é apreciado em diferentes níveis de intensidade, com diferentes nuances. Isto é integração. Os críticos opõem o argumento que assim os alunos vão aprender nada de nada. Não é verdade, e o mecanismo de avaliação construtiva é que será responsável pela canalização das verdadeiras vocações e tendências e conseqüentemente pelo rendimento de cada um conforme suas possibilidades.

Argumentações de caráter político dizem que tal esquema desenvolverá uma elite. De fato, elites estão presentes em qualquer esquema social e dificilmente serão evitadas. É fundamental, no entanto, a não aristocratização da formação dessas elites. E a aristocratização mesmo numa educação de massa, resulta como conseqüência inevitável da avaliação tradicional. Essa aristocratização pode e deve ser evitada numa estrutura educacional democratizada e com igual oportunidade para todos, como caminha para ser o modelo brasileiro.

Naturalmente, o problema da avaliação foi amplamente debatido na reunião de Paris. Lembrou-se o modelo educacional das culturas tradicionais africanas, onde a avaliação construtiva é incorporada às várias etapas de iniciação em que se baseia sua educação tradicional. Foi feita uma sugestão para que psicólogos se dediquem mais à pesquisa sobre avaliação. Sugeriu-se que, em países subdesenvolvidos, novas linhas de pesquisa nessa área sejam iniciadas. E que os psicólogos desses países talvez devam se preocupar menos em entender as crianças e teorias de aprendizagem de países desenvolvidos e melhor entender suas crianças. Uma crítica à transferência de resultados em educação, impõe-se. De fato, o problema da transferência de experiências educacionais, sem dizer de modelos educacionais, é talvez de maior urgência e conseqüência que a transferência de tecnologia para os países em desenvolvimento. No entanto, os modelos educacionais dos países desenvolvidos, seus objetivos e, sobretudo sua conceituação do que seja bom nível, são adotados com pouca ou nenhuma crítica pelos países subdesenvolvidos. Não posso deixar de mencionar as frustrações que sinto ao analisar como está se encaminhando a pós-graduação brasileira. Mas voltarei a isto oportunamente.

Não insistirei mais na conveniência, senão necessidade, de integração do ensino de ciências em todos os níveis. De fato, uma sugestão da reunião de Paris adotada sem hesitação pelos cientistas de países em desenvolvimento é que o caminho para o desenvolvimento científico e tecnológico desses países é necessariamente diferente daquele dos países hoje industrializados, que se baseou numa superposição de teorias e conhecimentos científicos encadeados lógica e formalmente. De fato, num estudo que fiz no "Seminário de História", na

State University of New York at Buffalo em 1971 sobre o "Status of Science and Technology in Latin America", tive oportunidade de analisar o correlacionamento entre conhecimentos científicos e desenvolvimento tecnológico na explosão industrial. Não é evidente que os grandes progressos tecnológicos tenham se desenvolvido paralelamente a conhecimentos científicos bem fundamentados. Absolutamente, não defendo uma atitude anticiência, comparável àquela de Alain Joubert et al: Auto-Critique de la Science, ed. Seuil, 1973. Mas, sem dúvida, uma atitude de ciência pela ciência, bem como a adoção como indicador de progressos científicos do país, a aceitação de suas teses de mestrado ou doutorado pelos grandes centros científicos do exterior, isto é, aquilatar a relevância de seus trabalhos científicos pelo mícron de contribuição que eles trazem ao avanço de uma certa área de especialização cultivada por cinco ou dez especialistas em Berkeley, Chicago ou Harvard, parece-me uma distorção de objetivos e prioridades. Certamente, a integração não se enquadra neste ideal e portanto não é simpática ao *establishment* científico do país. Este tema, sobre a relevância da ciência para o desenvolvimento, será objeto de um outro trabalho, uma introdução ao mesmo tendo sido publicada em *Impact: Science and Society*, janeiro de 1975, pp. 100-101.

Surge agora o momento de discutirmos como integrar. Como preparar, nas escolas de 1.º, 2.º e 3.º graus, em nível pré-escolar, extra-escolar e, sobretudo num esquema permanente, jovens que serão sensibilizados pelos problemas atuais do país, motivados e preparados para utilizar os vários conhecimentos científicos disponíveis para sua solução.

Claramente, a integração exige que se abra mão da quantidade de conhecimentos que, erroneamente, são julgados básicos e essenciais para se concretizar um progresso científico ou tecnológico. Em seu lugar, será necessário um armazenamento de conhecimentos em algum sistema de banco de dados, bem como metodologia para sua utilização, conforme já discutimos no trabalho citado publicado em *Ciência e Cultura*. E será indispensável a utilização de recursos modernos de tecnologia educacional, sejam os recursos audiovisuais mais elementares, sejam os mais sofisticados computadores. Um erro básico que se comete é julgar que tais recursos são acessíveis somente a países ricos. Absolutamente falso. Tais recursos são, a longo termo, mais baratos que os tradicionais, baseados em textos impressos, exposições tradicionais, isto é, repetição ao vivo. O custo do papel sobe assustadoramente. A hora de trabalho de um professor deverá subir enormemente. As únicas comodidades que baixam sensivelmente de preço, mesmo em se levando em conta a inflação, são aquelas baseadas em circuitos eletrônicos, tais como computadores, minicalculadoras e audiovisuais em geral. Só ricos podem se dar ao luxo de insistir na utilização de comodidades e serviços que aumentam de preço. Nós temos que usar o mais barato. Assim, é inadmissível que a utilização em larga escala de audiovisuais e computadores em educação seja adiada pelos países pobres. O primeiro passo é difícil. Há resistência psicológica, há resistência ao investimento inicial e há medo que nossas crianças sejam educadas pelas máquinas. Elas não poderão sofrer mais, serem mais infelizes do que na escola tradicional! De fato, um aspecto da futurologia que deveria ser mencionado e possivelmente ridicularizado, é a futurologia negativa. Eu já perdi a conta dos inúmeros "fins de mundo" de que já participei!

As máquinas estão a nosso serviço. O professor primário não precisa temer o aluno que em segundos fará contas que em outros tempos levariam horas e muitas tentativas e muita punição. Em uma hora ou duas, uma criança de seis anos dominará as quatro operações com números grandes, se é que ela já não chegou à escola sabendo. Isto não é o ano 2000, é 1976 ou 1977! Máquinas já estão sendo anunciadas a 5 ou 10 dólares nos Estados Unidos para o próximo Natal. Não adianta discutir se é bom ou mau para a formação da criança. Há um certo curso de acontecimentos aos quais temos que adaptar nossas instituições. É importante saber como melhor utilizá-lo. Talvez há 100 anos atrás o perigo de uma criança não saber as horas olhando para o céu tenha sido exagerado. E eu me lembro do perigo que representou para a minha caligrafia o uso de esferográficas. Meus professores proibiram seu uso! O problema é *como* melhor utilizar as minicalculadoras, não apenas utilizá-las. Como incorporá-las à escola, como melhor utilizá-las, ainda exige muita pesquisa, muita imaginação e é um dos temas colocados nas agendas das várias comissões e associações científicas. As perspectivas que a possibilidade de calcular rapidamente com números grandes abrem à integração são inimagináveis.

Procurei tocar nos pontos que considero básicos para o ensino de ciências e obviamente sua integração.

Quero agora tocar no que me parece o único caminho para se efetivar tal integração: a formação dos professores. Passo altamente positivo parece-me que foi dado pelas novas licenciaturas. Mas não nas novas licenciaturas "de mosaico", como alguém classificou, onde são dadas várias componentes de ciências especializadas e essas várias componentes reunidas pelo que se chama "currículo integrado". Não. As novas licenciaturas têm como ponto primordial a integração, uma visão integrada dos fenômenos naturais e sociológicos, acompanhados do desenvolvimento de instrumental específico próprio a cada especialidade e que colaborará na análise de tais problemas. Sem a visão preliminar do que seja, dificilmente um fenômeno poderá ser convenientemente analisado e colocado a serviço de um futuro melhor.

Os dois primeiros anos deveriam ter o primeiro semestre dominado pelo que eu chamo de disciplinas sensibilizadoras, em que grandes temas são apresentados e discutidos, motivando os alunos para unidades específicas de ciências. Tais disciplinas constituiriam o embasamento motivador sobre o qual, e a partir do qual, se construiriam unidades disciplinares. Tais só aparecem em conseqüência de grandes problemas. Naturalmente, é absolutamente necessário deixar currículos abertos nesse caso. Toda ênfase no primeiro ciclo deveria ser nas disciplinas sensibilizadoras, em pequenos projetos e em metodologia de consulta. Em outros termos, orientar o aluno, em como conseguir informação rápida e em níveis variados sobre qualquer assunto. Mais ou menos no espírito que determinou a nova edição da *Encyclopedia Britannica*, que se apresenta em três níveis: índice elaborado, com informações muito sumárias; "micropedia", com informações detalhadas e referências; e "macropedia", com informações completas e referências detalhadas. Esta idéia do escalonamento de informações parece-me básica para um ensino orientado para problemas. Os projetos constituem efetivamente o "trabalho de campo". Eles devem, para efeito de treinamento, ser ambiciosos e inovadores. Essencialmente, trata-se de preceder a licenciatura por um período de geração de interesses. Alguns colegas me dizem: por um período de incompetência. Outros dizem que este é um modelo de formação de indivíduos que sabem nada de tudo, e que meu modelo é muito pior que termos as novas licenciaturas imitando as tradicionais, de novas tendo oito disciplinas diferentes e desintegradas em cada semestre, mas onde pelo menos o aluno aprende um pouquinho de cada coisa. Obviamente, o nada de tudo é absolutamente falso. O que o aluno terá é uma visão global dos problemas, uma orientação sobre como atacar sua análise, e possivelmente uma boa idéia de sua limitação quanto às possibilidades de enfrentar o problema com seus poucos conhecimentos, o que poderá motivá-lo a adquirir mais conhecimentos.

Um curso modelado neste esquema está se desenvolvendo, em nível de pós-graduação na UNICAMP. É realmente nesse nível que eu acredito deva ser atacado o problema. Dificilmente serão iniciadas novas licenciaturas integradas sem treinamento de professores universitários que organizarão tais licenciaturas. A integração deverá partir do nível mais elevado e se introduzir nos 1.º e 2.º graus, através dos elementos licenciados nos novos esquemas.

Exemplos específicos de integração são os vários projetos que estamos desenvolvendo e que estão à disposição dos interessados. Como disse de início, integração é uma metodologia, fundamentada em princípios de história e filosofia da ciência e com bases psicológicas devidamente analisadas. Esta metodologia será mais e mais desenvolvida e aperfeiçoada à medida que novos exemplos e mais experiências forem realizadas. Uma nova orientação depende de fé e de apostolado. É nossa esperança formar, através dos nossos cursos, esses apóstolos, transmitindo aos mesmos nossas angústias pelo fato de, como educadores, corrermos o risco de sermos meros repetidores do passado e condicionadores das crianças. Mas ao mesmo tempo, transmitindo a eles a fé no papel que o conhecimento científico poderá desempenhar na melhoria da qualidade de vida das gerações futuras, naturalmente tudo inserido no contexto de humildade e generosidade com que dialogamos com nossas crianças.

A Influência de Computadores e Informática na Matemática e seu Ensino[*]

Uma Introdução ao Estudo da ICMI sobre o Computador e Informática

A Comissão Internacional sobre Instrução Matemática está planejando um grande número de estudos sobre tópicos de interesse nacional. Cada estudo será desenvolvido em torno de um seminário internacional e será conduzido rumo à preparação de um volume publicado com o objetivo de promover discussão e ação a nível nacional, regional e institucional. Cada estudo tentará identificar problemas-chave numa área específica e fornecer considerações recentes de opiniões relevantes, pesquisa e prática.

O efeito de computadores e informática em Matemática e em seu ensino no nível universitário e pré-universitário é o tema do primeiro de uma série de estudos a ser iniciado. O Comitê de Planejamento se reuniu e preparou o documento de discussão que segue. Nós agora solicitamos reações a esse documento.

É essencial aqui, contudo, enfatizar que os estudos da ICMI não almejam encontrar uma solução aprovada pela ICMI para qualquer problema particular. Mais propriamente, nós desejamos encorajar a discussão profunda de artigos-chave e o compartilhar de conhecimentos e experiências. Por essa razão nós pedimos àqueles que respondem à nossa solicitação para terem em mente a natureza internacional do exercício e a conseqüente necessidade de focalizar atenção sobre aspectos do campo objeto que tenham interesse geral e não meramente nacional. Assim, por exemplo, estaria de acordo com os objetivos do estudo se descrições de currículos recentemente planejados estivessem concentradas não meramente no efeito final de tais

---

[*] Preparado por International Commission on Mathematical Instruction — ICMI. Traduzido por Maria Dolis.

mudanças em termos de lista de conteúdo melhorado mas também enfatizados os princípios que regem projetos de currículo e as obrigações que tiveram que ser satisfeitas.

Estudos de caso de mudança formam um tipo de resposta do documento de discussão que seria bem recebida. Nós esperamos, entretanto, que o documento também encorage indivíduos, subcomissões nacionais e outros comitês nacionais a responderem de maneiras variadas muitos pontos relacionados ao efeito do computador e da informática em matemática e em como se poderia responder a isso através de mudança curricular. Haverá, contudo, outros pontos que os leitores desejarão levantar, e também uma necessidade de desenvolver, elaborar e exemplificar com maiores detalhes idéias que estão apenas sugeridas no texto.

Nós esperamos que muitas respostas sejam geradas e que documentos sejam enviados à secretaria para o estudo, Dr. F. Pluvinage, IREM, 10 rue du General Zimmer, 670-84, Strasbourg Cédex, France.

Um seminário internacional em que documentos solicitados e aqueles recebidos em resposta ao documento de discussão serão considerados, está para ser realizado na França entre 25 e 30 de março de 1985. O comparecimento a este encontro será apenas por convite, mas um grande número de lugares será reservado para aqueles que enviaram resposta ao documento de discussão. Mais detalhes do seminário podem ser obtidos com o Dr. Pluvinage.

Em seguida ao seminário pretende-se publicar *Proceedings* que incluirão uma avaliação dos artigos-chave selecionados, bem como uma seleção de documentos enviados.

A Influência de Computadores e Informática em Matemática e seu Ensino [*]

Os computadores e a informática estão mudando todas as sociedades de nosso tempo. Assim como a máquina a vapor iniciou a primeira revolução industrial, o computador está iniciando o que é freqüentemente chamada a segunda revolução industrial. A primeira revolução foi acompanhada pelo desenvolvimento das ciências físicas; deve-se esperar que novas ciências relacionadas com a informática acompanhem a segunda. As expectativas, assim, são imensas: novas

---

[*] Documento de discussão da ICMI, preparado por R. F. Churchhouse, B. Cornu, A. P. Ershov, A. G. Howson, J. P. Kahane, J. H. van Lint, F. Pluvinage, A. Ralston, M. Yamagut, em 1985.

necessidades, novas ciências, novas tecnologias, novas qualificações, a eliminação de trabalhos repetitivos ou árduos e, certamente, novos desafios sociais a serem encontrados.

A Matemática não escapa deste movimento e, por isso a ICMI tomou a iniciativa de organizar um estudo internacional sobre o tema: a influência de computadores e informática em Matemática e seu ensino. Como um primeiro estágio, o presente documento está sendo circulado para discussão. Ele está organizado em torno de três importantes questões:

1. Como os computadores e a informática influenciam idéias matemáticas, valores e o avanço da ciência matemática?

2. Como podem novos currículos serem planejados para satisfazer as necessidades e possibilidades?

3. Como pode o uso de computadores auxiliar o ensino de Matemática?

No que diz respeito às questões 2. e 3., estamos limitando nosso estudo ao currículo e ensino no nível universitário e pré-universitário (a partir da idade de 16 anos). Matemática escolar será o assunto de um outro estudo internacional da ICMI. Naturalmente, encontrar-se-ão os mesmos tópicos e idéias que estão presentes em todos os níveis, em resposta às questões propostas. Dois aspectos, em particular, são essenciais: a influência de tecnologia que permite que coisas melhores sejam feitas mais rapidamente, e de diferentes maneiras, e a influência de conceitos fundamentais de informática, na frente dos quais encontra-se o algoritmo.

1. *O efeito na Matemática*

Conceitos matemáticos sempre dependeram de métodos de cálculo e métodos de escrita. Numeração decimal, a escrita de símbolos, a construção de tabelas de valores numéricos todos precederam idéias modernas de número real e de função. Os matemáticos calcularam integrais e fizeram uso do sinal de integração, muito antes do surgimento dos conceitos de integral de Riemann ou Lebesgue. De modo similar, pode-se esperar que os novos métodos de cálculo e de escrita que os computadores e a informática oferecem, permitam o surgimento de novos conceitos matemáticos. Mas, hoje em dia, eles já estão apontando o valor de idéias e métodos velhos ou novos, que não ocupam um lugar de destaque em Matemática contemporânea "tradicional". E eles nos permitem e solicitam considerar um novo aspecto das idéias mais tradicionais.

103

Consideremos idéias diferentes de um número real. Há um ponto sobre a reta B, e esta representação pode ser eficiente para favorecer a compreensão de adição e multiplicação. Há também um ponto de acumulação de frações, por exemplo, frações contínuas dando a melhor aproximação de um número real por racionais. Há também uma expansão decimal sem fim. Há também um número escrito em notação de ponto-móvel. Experiência mesmo com uma simples calculadora de bolso pode ajudar a validar os três últimos aspectos. O algoritmo de frações contínuas — que é apenas o de Euclides — está novamente se tornando uma ferramenta-padrão em muitas partes da Matemática. Operações complicadas (exponenciação, adição de séries, iterações), com o auxílio do computador, tornar-se-ão fáceis. Até mesmo essas operações simplificadas darão origem a novos problemas matemáticos: por exemplo, somar termos em duas ordens diferentes (começando com o maior ou a partir do menor) nem sempre produzirá o mesmo resultado numérico.

Novamente, consideremos a noção de função. O ensino distingue entre, por um lado, funções elementares e especiais — isto é, aquelas funções tabeladas do século XVII ao XIX — e, por outro lado, o conceito geral de função introduzido por Dirichlet em 1830. Mesmo hoje, "resolver" uma equação diferencial é tomado no sentido de reduzir a solução a integrais, e se possível, a funções elementares. Entretanto, o que está envolvido em equações funcionais é o cálculo efetivo e o estudo qualitativo de soluções. As funções em que se está interessado, portanto, são funções calculáveis e não mais apenas aquelas que estão tabeladas. As teorias de aproximação e da superposição de funções — desenvolvidas bem antes dos computadores — são agora validadas. O campo de funções elementares é estendido e funções de uma natureza não-elementar são introduzidas naturalmente através da discretização de problemas não-lineares. A informática também nos compele a considerar um novo aspecto para a noção de uma variável, e para a ligação entre símbolo e valor. Esta ligação é fortemente explorada em Matemática (por exemplo, no simbolismo do cálculo). Em informática, a necessidade de desenvolvimento, de obtenção dos valores, apresentou este problema de uma maneira diferente. O simbolismo de funções não é inteiramente transferível. Isto resultou em linguagem de computador de diferentes tipos: assim a noção de uma variável em LISP não corresponde exatamente àquela em alguma outra linguagem em que variáveis têm valores.

Para o último de nossos exemplos, consideremos conjuntos de pontos ligados a sistemas dinâmicos, iteração de processos de transformações ou estocásticos. O uso de computadores trouxe nova vida a seu estudo, tanto por físicos, quanto por matemáticos, e deu origem a uma nova terminologia: por exemplo, *strange attractors*, *fractals*.

A partir desses exemplos, pode-se ver que computadores e informática têm estimulado nova pesquisa, *recolocado* para a consideração dos matemáticos questões recentemente negligenciadas mas estudadas anteriormente por um longo período de tempo, e *tornado possível* o estudo de novas questões. Nós esperamos que, como um resultado das discussões ligadas ao estudo da ICMI, nova luz será lançada sobre cada um desses aspectos.

Sempre houve um lado experimental na Matemática. Euler insistiu sobre o papel da observação em Matemática Pura: "as propriedades de números que nós conhecemos foram usualmente descobertas por observação e descobertas bem antes de sua validade ter sido confirmada por demonstração (...) É por observação que progressivamente descobrimos novas propriedades, que nós logo fazemos o máximo possível para provar". Os computadores aumentaram rapidamente nossas possibilidades para observação e experimentação em Matemática. A solução da equação não-linear da onda, o "soliton", foi descoberta por experimentação numérica antes de se tornar um objeto matemático, e deu origem a uma rigorosa teoria. Na iteração de transformações racionais são os diagramas obtidos por computadores que têm direcionado recente pesquisa. Uma nova arte, totalmente de experimentação, está se desenvolvendo em todos os ramos da Matemática. Cálculos que eram outrora impraticáveis são agora facilmente realizados; é agora uma questão de elaboração de um plano adequado de ação. Visualizações são possíveis e elas formam um elo uniforme entre matemáticos oferecendo-lhes assuntos para estudo sobre os quais especialistas de diferentes disciplinas podem trabalhar em conjunto. Tem havido um considerável aumento na quantidade e variedade de estímulos que permitem — na verdade encorajam — se questionar e investigar sua natureza matemática de modo a estabelecer e apreciar seus inter-relacionamentos. Uma consciência dessas possibilidades tem influenciado as pesquisas matemáticas por alguns anos. Apenas em raras ocasiões permitiu-se que isso influenciasse e se infiltrasse em nosso ensino. Contudo, essas possibilidades para experimentação, agora praticáveis em grande escala, são promissoras para a renovação e melhoria do ensino de Matemática.

Matemática é também, e permanecerá, uma ciência de demonstração. Mas o estado de demonstração não é imutável. O nível de rigor e grau de formalização depende de tempo e lugar. Por uns vinte anos, o padrão foi por demonstrações não-construtivas de teoremas de existência: métodos de ideais para g.c.d., princípio de intervalos-encaixantes para aproximações de racionais, axioma da escolha para análise funcional, métodos probabilísticos sem construções explícitas etc. Hoje o ponto de vista mudou. Sempre que possível, faz-se uso em uma demonstração de um algoritmo que permite obter eficientemente o objeto procurado.

Os computadores tiveram um outro efeito sobre o estado de demonstração, como foi mostrado no célebre caso do teorema das quatro cores. Até agora, as mais longas e envolvidas demonstrações foram editadas e publicadas e o leitor teve acesso a um controle sobre qualquer informação exterior exigida (tabelas, referências). Em princípio, supunha-se que um matemático trabalhando sozinho fosse capaz de prosseguir e verificar cada etapa de uma demonstração graças a este método de apresentação. Agora novos tipos de demonstração têm aparecido: demonstrações numéricas, em que ocorrem números de uma grandeza e em quantidades que fica impraticável serem manipuladas manualmente, e demonstrações algorítmicas dependem da eficiência e precisão dos algoritmos. Demonstrações auxiliadas por computador provocaram a necessidade, desta forma, de uma nova prática profissional. Ainda não parece que isto tenha sido codificado. Sem dúvida o será, no futuro.

Algoritmos desempenharam um importante papel na Matemática desde Euclides, e mesmo muito antes do nascimento da álgebra. Eles constituem o mais importante elemento matemático de informática. Nós nos referimos ao papel de algoritmos como ferramentas em demonstração e estamos todos cientes de que eles são ferramentas essenciais em cálculo. Agora, entretanto, eles estão se tornando mais e mais um estudo em si mesmos. Questões fascinantes surgem agora sobre complexidade de espaço e tempo — sobre como formular algoritmos de modo a minimizar o espaço de armazenamento do computador e o tempo de processamento — e sobre o desenvolvimento de algoritmos adequados para processadores atuando em paralelo. Para tomar apenas um exemplo, por engenhosidade matemática a complexidade de tempo para o rápido algoritmo de transformação de Fourier foi reduzida de n^2 para $n \log n$, que é de considerável importância prática para grandes valores de n. Existem outros problemas relacionados com a eficácia de algoritmos, sua precisão e o modo com que eles podem ser elaborados. Nós observamos, com um exemplo, o papel de pontos invariantes e fixos quando estabelecendo a precisão de algoritmos.

Deve-se também salientar como os algoritmos estão de modo crescente sendo obrigados a desempenhar um papel central na sociedade: eles aparecem na empresa e comércio, em tecnologia e em automação. Problemas matemáticos surgem assim em muitos novos domínios, e métodos matemáticos têm uma aplicabilidade crescentemente de grande influência.

Finalmente, de agora em diante, sistemas simbólicos, permitirão ao usuário do computador, efetuar cálculos em álgebra e análise. As possibilidades surgidas são enormes, e deve-se avaliar a função real de tais sistemas e de seu papel em pesquisa matemática, bem como da influência que eles deveriam ter no ensino de Matemática nos níveis universitário e pré-universitário. A informática, por exemplo, estende o campo de pesquisa matemática sobre cálculo formal.

2. O efeito de computadores nos currículos

Os currículos são, geralmente, o produto de uma longa tradição, e sua evolução é dirigida por dois fatores principais: as necessidades da sociedade e a situação da disciplina. As necessidades da sociedade são muito diversas: em cada país os estudos preparam para diferentes profissões, cada uma das quais têm suas próprias exigências, entre diferentes países haverá variação de prioridades. A priori, necessidades sociais introduzem nos currículos um elemento de diversidade e mesmo de divergência. Por outro lado, referência à disciplina de Matemática propriamente, é usualmente um fator unificante, quando os especialistas concordam entre si sobre o que é conteúdo essencial. E esta unidade também responde a uma necessidade social, tem um corpo comum de conhecimentos e uma linguagem comum.

Nós temos, desta forma, que considerar duas maiores séries de questões: a primeira, relacionada às necessidades expressas da sociedade, às experiências locais, às políticas nacionais; a segunda, relacionada a novas possibilidades, às adaptações que terão que ser feitas como um resultado de novas exigências, às escolhas motivadas pelo estado atual de conhecimento e técnica.

Primeiro nós apresentamos três questões motivadas pelo contexto social (a estrutura nacional, o ensino de cientistas, o ambiente industrial):

Questão 1

Em cada país, existem três novos currículos matemáticos — permanente, provisório, experimental — motivados pela introdução de computadores e informática? As respostas que recebemos até agora apontam a existência de tais currículos experimentais.

Questão 2

A Matemática tem um dever de servir a elementos de outras disciplinas — físicos, engenheiros, biólogos, economistas etc. Quais são as mudanças provocadas pela crescente importância de computadores e informática dentro dessas disciplinas? As respostas parciais que recebemos têm vindo dos próprios cientistas de computação.

Questão 3

Qual Matemática é necessária como uma parte de cultura científica básica — a nível de universidade — dentro do novo ambiente industrial? As respostas que temos — vindas de cientistas de computação — indicam uma forte exigência teórica; o uso de computadores e de informática exige *mais* matemática, *melhor* compreendida, e levada a um novo equilíbrio entre "pura" e "aplicada".

Vamos nos deter neste ponto antes de continuar a colocar uma nova série de questões.

Sem dúvida, a informática terá três efeitos principais sobre a orientação do ensino. Primeiramente, sistemas matemáticos simbólicos vão tornar simples e rápidas, questões que anteriormente eram difíceis e complicadas. Hoje em dia, já existem programas para avaliar integrais definidas, para resolver equações diferenciais, mesmo para calcular soluções explícitas de certas equações funcionais. Assim, o ensino de Matemática pode dar menos ênfase do que antigamente sobre a exposição e prática de métodos clássicos de integração. Por outro lado, nosso ensino pode permitir a um estudante, apelando para os sistemas disponíveis, encontrar um número muito maior de problemas e então compreender melhor a Matemática subjacente. Quanto mais programas como estes estiverem à nossa disposição, mais necessário será para o estudante compreender a teoria matemática se ele/ela não perder a paciência.

Prosseguindo, a informática faz muitos apelos para o auxílio de Matemática discreta: combinatória, teoria dos grafos, teoria dos códigos. As aplicações de informática na empresa, comunicação e informação fazem pouco uso de cálculo diferencial e integral, embora eles façam uso de estruturas variadas em conjuntos finitos. É conveniente, então, questionar se Matemática discreta deveria substituir certas partes clássicas de análise no núcleo básico de Matemática oferecida a estudantes, e se certos conceitos fundamentais de análise não poderiam com vantagem ser abordados *via* um estudo de situações discretas. Por exemplo, a colocação de séries em cursos de análise poderia ser modificada.

Finalmente, assim, o efeito geral de computadores e informática em Matemática terá conseqüências necessárias em seu ensino, na importância atribuída aos assuntos e aos métodos, e na seqüência escolhida para a apresentação de material.

Em todos os vários ramos de Matemática pode-se considerar computadores fornecendo experiências numéricas e visuais com o intento de favorecer a intuição. Pode-se também facilitar apresentações algorítmicas de teorias e provas.

Essas idéias levam-nos a colocar um segundo conjunto de questões:

Questão 4

Qual é a Matemática subjacente a sistemas matemáticos simbólicos? Como deveriam eles ser introduzidos no currículo?

Questão 5

Que Matemática discreta deveria ser introduzida?

Questão 6

Quais mudanças podem ser consideradas na ordem de apresentação de tópicos (séries antes de integrais, estatística antes de probabilidade, probabilidade antes de integração, ...)?

Questão 7

Em particular, quais elementos de lógica, análise numérica, estatística, probabilidade, geometria, podem ser introduzidos desde o início dos cursos universitários?

Questão 8

Quais são as mudanças previsíveis no modo pelo qual os tópicos individuais são apresentados, particularmente quando se leva em consideração a disponibilidade de algoritmos (método de Newton para resolver equações, frações contínuas para números reais, interpolantes polinomiais em integração, triangulação em álgebra linear...)?

Questão 9 (de maior importância)

Que conteúdo poderia talvez ser omitido nos cursos básicos (17-18 anos)?

As mudanças provocadas em currículos por informática e computadores terão obviamente conseqüências no treinamento necessitado por professores. Além de fornecer os elementos de ciência do computador e informática que eles precisarão, nós devemos também prepará-los para ensinar Matemática de uma nova maneira. Este problema vai surgir tanto no nível de treinamento em serviço como no treinamento inicial (pré-serviço) de professores.

Por isso colocamos as seguintes questões:

Questão 10

Quais elementos de ciência da computação e informática deveriam ser introduzidas no treinamento de professores e como podem eles ser preparados e auxiliados para ensinar Matemática de uma nova maneira, coerente como o novo contexto computacional? Alguma experiência nesta área já existe.

3. *O computador como um apoio ao ensino de Matemática*
3.1. *Os efeitos gerais de computadores*

O uso de computadores força, não apenas a reconhecer na área de experimentos uma fonte de idéias matemáticas e um campo para a ilustração de resultados, mas também um lugar onde permanentemente ocorrerá confrontação entre teoria e prática. Isto coloca um problema, que ocorrerá no treinamento de professores tanto quanto de estudantes, de estimular a *atitude experimental* (observação, teste, controle de variáveis...) ao lado, e no mesmo nível, da *atitude matemática* (hipótese, prova, verificação...). É suficiente falar, como algumas pessoas o fazem, de "Matemática Experimental"?

Temos agora um triângulo estudante-professor-computador, onde anteriormente apenas um relacionamento dual existia. Não há um perigo de que, de modo a preservar tanto quanto possível o tradicional relacionamento estudante-professor, o trabalho dos estudantes em um computador seja restrito a atividades simplistas que são "sem risco" para o professor?

Os estudantes são compelidos, a estarem cientes (como um resultado de seu ambiente e dos meios de comunicação), do uso difundido de computadores, bem como de seus periféricos associados, até interconexão de sistemas e bancos de dados. Eles viram também gráficos espetaculares expostos numa tela, ou traçados em um *plotter*. Como um resultado disto, os estudantes têm novas expectativas com respeito ao ensino em geral e o de Matemática em particular. Como pode o computador ser usado *pelo* e *com* o estudante de modo a satisfazer essas novas expectativas?

Além disso, para as mudanças de interesse às quais a informática conduz, deve-se também chamar a atenção para as mudanças na dificuldade de exercícios e problemas. O uso de um computador não apenas mudará a ordem de dificuldade de exercícios, mas também mudará as dificuldades relativas das várias maneiras de resolver o mesmo exercício. Como se pode chegar a novas hierarquias e levá-las em conta quando se elabora exercícios?

3.2. Objetivos e modos de operação

Existem vários métodos de usar um computador em nosso ensino. O professor pode usar um computador como um "quadro-negro", da mesma forma como se procede quando se dá demonstrações nas ciências experimentais. Contudo, o uso de um computador iterativo permite um grau muito mais elevado de interação com a audiência. Este modo particular foi testado em vários lugares, mas seu uso em maior escala depende da provisão de mais e mais variado *software*. Quais são as exigências específicas que devem ser satisfeitas por tal *software*?

O computador pode ser usado por estudantes, individualmente ou em grupos de dois ou mais, de modo a concluir um trabalho predeterminado (isto é aprendizagem realmente programada, adaptada ao trabalho do computador: infelizmente, parece haver pouco *software* deste tipo disponível que tenha algum interesse matemático). De maneira análoga, o computador pode prover o estudante com uma permanente e pronta forma acessível de auto-avaliação.

Um outro uso do computador é para "trabalho prático": a manipulação experimental de objetos matemáticos em conexão com problemas em aberto (por exemplo, tratamento estatístico de dados, explorações geométricas, a manipulação de funções...).

Vê-se, então, a necessidade do desenvolvimento de "bancos de *software*", de modo a proporcionar apoio a professores e conferencistas, bem como encorajar aperfeiçoamentos ulteriores. Esse *software*, que deveria estar disponível a todos, estaria situado em "centros de multimídia" no meio de instituições e visto como um meio de comunicação no mesmo nível que textos escritos, filmes etc.

A preparação de *software* forçará a união de habilidades de matemáticos, cientistas de computação e professores experientes. Como se deveria distribuir o trabalho de modo a produzir *software* satisfatório e dentro de que arranjo estrutural?

Finalmente, um outro uso do computador, no ambiente escolar e universitário, é no contexto de um "clube de computador". Depois de um período inicial de familiarização, os usuários/membros é que são principalmente responsáveis para determinar os caminhos a seguir. Este tipo de trabalho é de relevância não apenas para estudantes, mas também para seus professores. Que necessidades podem ser identificadas, desta forma, para aqueles que são responsáveis pelo treinamento de professores?

3.3. O tratamento de áreas particulares

Os periféricos usados (tela, impressora, *plotter*...) determinam diferentes maneiras de usar informática. A adaptação à Matemática apresenta alguns problemas gerais, como o do manejo de escrita simbólica, que não é linear, apesar da seqüência linear aparente de caracteres em um texto normal. Por exemplo, consideremos os vários métodos empregados para reduzir a uma forma linear afirmações matemáticas, muitas vezes melhor apresentada na forma de uma coluna.

Consideremos agora métodos de empregar o computador para satisfazer necessidades a serem encontradas em várias áreas de Matemática que são ensinadas nos níveis de educação sob consideração.

Em todos esses ramos se observará o papel central de visualização, de experimentação, de simulação, e do modo pelo qual o computador favorece a formação e refinamento de hipóteses.

Antes, porém, nós colocamos uma questão geral. Um certo número de conceitos fundamentais é usado no ensino da Matemática, muitas vezes de uma maneira implícita, por exemplo, lógica intuitiva, os conceitos de uma variável, de uma função... Pode a informática ajudar-nos a atingir precisão para tais conceitos e aumentar nossa compreensão dos mesmos?

Estatística e probabilidades: processamento de dados

O computador permite o processamento de dados em uma escala verdadeira grande. Problemas de escolha de dados em classes não são mais relevantes. Mais uma vez, a simulação é uma ferramenta que pode ocupar um lugar em probabilidade da mesma forma que o de figuras *plotting* em geometria. Assim, é possível, graças às técnicas pseudo-aleatórias para seleção, fornecer "realidade" para todos os tipos de situações concebíveis — aposta, tomada de decisão, teste...

Geometria

A produção de imagens gráficas (por exemplo, visões, perspectivas de objetos no espaço, órbitas) e o conceito de projeto ajudado pelo computador (*software* de gráficos) são extremamente úteis para o desenvolvimento e fortalecimento de intuições. Eles tornam possível explorar objetos geométricos e figuras e proporcionar acesso a novas figuras. Quais mudanças o *plotting*, por meio de um computador introduz com respeito à geometria baseada no uso de régua e compasso?

Álgebra linear

A abordagem algorítmica fornece ferramentas para demonstrações matemáticas (por exemplo, condensação pivotal), e nos conduz a abordar de maneira diferente o estudo de tais questões como inversão, a solução de sistemas de equações, e a decomposição de matrizes. Além disso, a visualização pode apoiar a intuição, por exemplo, para o estudo de *eigenvalues* e de diagonalização. Não merecem tais técnicas, como o método simples, um lugar em nosso ensino?

Análise

Como um resultado dos efeitos de sistemas simbólicos, exercícios sobre diferenciação, procurar integrais primitivas e achar séries de Taylor finitas, estão destinados a diminuir em importância. Por outro lado, a representação gráfica de funções e a localização de soluções aproximadas de equações numéricas ou funcionais se tornarão merecedoras de consideração adicional. A experimentação pode fornecer oportunidades para a descoberta e formulação de propriedades qualitativas antes que elas sejam formalmente provadas, por exemplo, para a solução de equações diferenciais. A aproximação traz com ela problemas de convergência, iniciando com seqüências e séries. Além do mais, o aspecto qualitativo do conceito de convergência, o estudo numérico, conduz naturalmente ao aspecto quantitativo, rapidez de convergência. Finalmente, a discretização fornece um campo a mais para a experimentação, por exemplo para equações funcionais.

Números, análise numérica

Os números de uma máquina são muito diferentes daqueles de um matemático. Isto leva a explorar as diferenças e, *en passant*, a considerar os princípios de simbolismo numérico. Em uma outra conexão, deveríamos estar levando em conta o uso de processadores paralelos para pesquisa em análise numérica a nível de ensino?

Conjuntos, combinatória, lógica

Os métodos de trabalho atuais forçam a se dar definições operativas (a numeração de *sujections* S(n, p) é um simples exemplo de recursividade, que também permite se dar um significado de trabalho a uma *sujection*). Nesta área, também, a rápida produção de resultados numéricos permite fácil exploração e a invenção de hipóteses. A aprendizagem por meio de fórmulas constitui uma particular corrente de interesse neste campo?

Em campos tradicionais de estudo existem assuntos que exigem nova e especial atenção por causa das características particulares de trabalhar em uma máquina: ela usa métodos discretos. É importante, por isso, prestar atenção às abordagens teóricas para tópicos discretos (por exemplo, equações de diferença); hoje em dia, cursos completos de Matemática discreta estão sendo propostos para estudantes. É realmente verdade que isso nos fornece um novo tema para ensino?

3.4. *Avaliação e registro*

O professor muitas vezes compreende a avaliação de aprendizagem de seus alunos no sentido restrito através de provas, enquanto a avaliação de ensino é usualmente ignorada. O computador, entretanto, torna possível agora uma variedade de maneiras de controlar avaliação, desde a apresentação de exercícios aos alunos até o manejo de arquivos individuais. O uso do computador para construir e conduzir testes avaliatórios tem sido raramente experimentado até agora, exceto no ensino da própria ciência da computação. Deveríamos prever um desenvolvimento geral no crescimento de exames "em um computador" e nesse caso, como devem tais testes ser planejados?

A noção de controle e avaliação pode também ser estendida ao que acontece quando usamos um computador. A justaposição do rendimento a partir de um computador com resultados matemáticos é especialmente relevante para tal "controle experimental". No fim deste relatório, é hora de mencionar a utilidade de resultados que não correspondem ao que foi previsto e àqueles programas que não funcionam perfeitamente. É obviamente útil lembrar que muitas vezes os programas não funcionarão na primeira tentativa. Qual é o interesse matemático em tais falhas?

3.5. O treinamento de professores

Referimo-nos acima ao problema do conteúdo de treinamento de professores. É igualmente oportuna a questão da forma que este treinamento deveria tomar, particularmente a provisão de educação em serviço para professores em atuação. O que se pode pensar em fazer, se lembrarmos de treinamento "relâmpago" em licença de serviço por dia ou cursos de curta direção — e o que se pode concluir se aos professores pode ser concedido um ano de ausência completa do ensino? Mas mesmo isto não é suficiente, considerado no contexto de evolução gradual de materiais e *software*. Aqui pareceria essencial abrir centrais locais de apoio projetados para fornecer um acompanhamento a tais cursos, para manter *software* atualizado e encorajar experimentos em ensino. Seria uma grande pena se o interesse em computadores e informática resultasse no estabelecimnto de "pesado" maquinário administrativo, distante da maioria dos professores, em que decisões relativas a ensino fossem tomadas. Que redes (local, regional, nacional, internacional) é conveniente, entretanto, organizar e que tipo de conexão deve ser estabelecida entre elas?

www.gruposummus.com.br

IMPRESSO NA
sumago gráfica editorial ltda
rua itauna, 789 vila maria
02111-031 são paulo   sp
tel e fax 11 **2955 5636**
sumago@sumago.com.br

GRÁFICA
sumago